高等职业教育示范专业系列教材

机械设计与制造专业

机械设计基础课程设计指导书

主　编　李国斌
副主编　李慧娟　陈玲琳　王春艳
参　编　王飞飞　朱洪雷　黎金琴
　　　　盛永华　桂　艳　张　钟

机 械 工 业 出 版 社

本书为机械设计基础课程的配套教材，是根据教育部制订的高职高专教育机械设计基础课程教学基本要求和高等职业教育教学改革的要求编写而成的。

本书共分为16章，第1~7章为课程设计指导，第8、9章为课程设计题目及参考图例，第10~16章为常用标准和规范。

本书可供高职高专、成人高校及本科院校举办的二级职业技术学院的机电类及近机类专业进行机械设计课程设计时使用，也可供有关工程技术人员参考。

图书在版编目（CIP）数据

机械设计基础课程设计指导书/李国斌主编. —北京：机械工业出版社，2012.8（2024.8 重印）

高等职业教育示范专业系列教材. 机械设计与制造专业

ISBN 978-7-111-39165-4

Ⅰ.①机… Ⅱ.①李… Ⅲ.①机械设计—课程设计—高等职业教育—教学参考资料 Ⅳ.①TH122-41

中国版本图书馆CIP数据核字（2012）第160474号

机械工业出版社（北京市百万庄大街22号 邮政编码100037）
策划编辑：王海峰 责任编辑：王海峰 杨 茜
版式设计：纪 敬 责任校对：张 薇
封面设计：鞠 杨 责任印制：郜 敏
北京富资园科技发展有限公司印刷
2024年8月第1版第10次印刷
184mm×260mm · 9.25印张 · 233千字
标准书号：ISBN 978-7-111-39165-4
定价：29.80元

电话服务 网络服务
客服电话：010-88361066 机 工 官 网：www.cmpbook.com
010-88379833 机 工 官 博：weibo.com/cmp1952
010-68326294 金 书 网：www.golden-book.com

机工教育服务网：www.cmpedu.com

前　　言

本书以单级圆柱齿轮减速器为例，根据课程设计的进程及需要，编写了减速器的构造、设计指导书、设计资料、参考图例及设计题目，集指导书、资料、图册及题目四者为一体。本书采用最新的国家标准和设计规范，文字简明，使用方便。

本书分为三篇。第1篇为课程设计指导，包括绪论、传动装置的总体设计、传动零件的设计、装配图的设计、零件工作图的设计、编写设计计算说明书及答辩准备；第2篇为课程设计题目及参考图例；第3篇为常用标准和规范，包括一般标准、常用金属材料、常用联接件、滚动轴承、润滑与密封、联轴器、电动机。

参加本书编写的有：广州番禺职业技术学院李国斌、朱洪雷、盛永华、桂艳、张钟，咸宁职业技术学院李慧娟、黎金琴、吴凡，广州科技贸易职业学院王春艳，安徽工业经济职业技术学院陈玲琳，新乡职业技术学院王飞飞。

本书由李国斌任主编并统稿，李慧娟、陈玲琳、王春艳任副主编。

限于编者水平，书中错误和不妥之处在所难免，殷切希望使用本书的广大教师和读者批评指正。

编　者

目　　录

第 1 篇　机械设计基础课程设计指导

第1章　绪　　论

1.1　课程设计的目的

机械设计基础课程设计是机械设计基础课程后进行的一个重要的实践性教学环节，也是机电类及近机类专业学生第一次较为全面的机械设计训练，其目的如下：

1）通过课程设计，综合运用机械设计基础课程和其他先修课程的理论知识，解决机械设计问题，起到巩固、深化和拓宽所学的机械设计方面的知识，树立正确的设计思想。

2）通过课程设计的实践，培养学生分析问题和解决工程问题的能力。增强创新意识和竞争意识，培养学生掌握一般机械传动装置、机械零件的设计方法及设计步骤。

3）通过计算、绘图，学生能运用标准、规范、设计手册及图册等有关设计资料，进行全面的机械设计基础技能的训练。

多年的教学实践证明：以齿轮（蜗杆）减速器为题作机械设计基础课程设计，能较好地达到上述目的。这是因为：传动装置是机器的重要组成部分，而齿轮（蜗杆）减速器是较为典型、应用最广的传动装置，掌握它的设计方法、设计步骤，就可以举一反三，掌握其他传动装置的设计方法，从而了解机器的设计。

1.2　课程设计的内容

课程设计的题目一般为机械传动装置或简单机械，如以齿轮减速器为主的机械传动装置。

课程设计的内容通常包括以下几个方面：拟订、分析传动装置的设计方案；电动机、传动零件、轴、轴承、联轴器等的设计计算和选择；绘制装配图和零件图；编写设计计算说明书。

每个学生在课程设计中应完成以下工作：

1）装配图1张（用A1或A0图纸绘制）。

2）零件图1~2张（齿轮、轴等，用A3图纸绘制）。

3）设计计算说明书1份（约7000字）。

4）答辩。

1.3　课程设计的步骤

课程设计的一般步骤如下：

1. 设计准备

阅读设计任务书，明确设计要求和工作条件；观看教学录像、实物、模型或装拆减速器，了解减速器的结构特点与制造过程；阅读课程设计指导书；准备设计资料及绘图工具。

2. 传动装置总体设计

拟订传动方案；选择电动机类型和型号；计算传动装置的总传动比，分配各级传动比；计算各轴转速、功率和转矩。

3. 传动零件设计计算

各级传动件的设计计算，如减速器外传动零件（带、链等）和减速器内传动零件（齿轮传动或蜗杆传动）以及选择联轴器类型、型号等。

4. 装配图设计

初绘减速器装配草图；轴系部件的结构设计以及轴、轴承、键联接等的计算；减速器箱体及其附件设计；最后完成装配图。

5. 零件图的绘制

绘制齿轮类零件图、轴类零件图及其他零件图（由指导教师指定）。

6. 编写设计说明书

整理和编写课程设计计算说明书，内容包括所有的计算。

7. 设计总结及答辩

进行课程设计总结，完成答辩准备工作。

1.4 课程设计中应注意的问题

机械设计基础课程设计是学生第一次较全面的设计训练，学生一开始往往不知从何处着手。指导教师应给予学生适当的指导，引导学生的设计思路，启发学生独立思考，耐心解答学生的疑难问题。设计过程中，学生必须严肃认真，刻苦钻研，一丝不苟，精益求精，按时完成设计任务。

1）课程设计应当由学生独立完成，学生应明确设计任务，每个阶段完成后要认真检查，提倡独立思考。有错误要认真修改，学生必须发挥自己分析问题和解决问题的能力，不可过分依赖教师。

2）课程设计进程的各阶段是相互联系的。设计时，零部件的结构尺寸不是完全由计算确定的，还要考虑结构、工艺性、经济性以及标准化等要求。由于影响零部件结构尺寸的因素很多，随着设计的进展，考虑的问题更全面、合理，故后阶段设计要对前阶段设计中的不合理尺寸进行必要的修改。所以，课程设计要边计算、边绘图，反复修改，计算和设计绘图交替进行。

3）学习和善于利用长期以来所积累的设计经验和资料，可以加快设计进程，避免不必要的重复劳动，这是提高设计质量的保证，也是创新的基础。然而，任何一项设计任务均可能有多种决策方案，应从具体情况出发，认真分析，既要合理地吸取，又不可盲目地照搬、照抄。

4）设计中应正确运用标准和规范，可以保证互换性，降低成本，缩短设计周期，这是机械设计应遵循的原则之一。

5）要将每一步所得的数据记录下来，便于随时检查和修改，为编写设计计算说明书做好准备。

第 2 章　机械传动装置的总体设计

机械传动装置总体设计的任务是选择电动机，确定总传动比并合理分配各级传动比以及计算传动装置的运动、动力参数，为下一步各级传动零件设计、装配图设计做准备。

设计任务书一般由指导教师拟订，学生应对传动方案进行分析，对方案是否合理提出自己的见解。传动装置的设计对整台机器的性能、尺寸、重量和成本都有很大的影响，因此应当合理地拟订传动方案。

2.1　拟订传动方案

1. 传动装置的组成

机器通常由原动机、传动装置和工作装置三部分组成。传动装置位于原动机和工作机之间，用来传递运动和动力，并可用以改变转速、转矩及运动形式，以适应工作装置的功能要求。传动装置的传动方案一般用运动简图来表示。

2. 合理的传动方案

当采用多级传动时，应合理地选择传动零件和它们之间的传动顺序，扬长避短，力求方案合理。常需要考虑以下几点：

1）带传动平稳性好，能缓冲吸振，但承载能力小，宜布置在高速级。

2）链传动平稳性差，且有冲击、振动，宜布置在低速级。

3）蜗杆传动放在高速级时，蜗轮材料应选用锡青铜，低速级则可选用铝铁青铜。

4）开式齿轮传动的润滑条件差，磨损严重，应布置在低速级。

5）锥齿轮、斜齿轮宜放在高速级。

常见机械传动的主要性能见表 2-1。

表 2-1　常见机械传动的主要性能

选用指标		传动机构					
		平带传动	V 带传动	链传动	齿轮传动		蜗杆传动
功率/kW（常用值）		小（≤20）	中（≤100）	中（≤100）	大（最大达 50000）		小（≤50）
单级传动比	常用值	2~4	2~4	2~5	圆柱齿轮 3~5	锥齿轮 2~3	10~40
	最大值	5	7	6	8	5	80
传动效率		中	中	中	高		低
许用的线速度/$m \cdot s^{-1}$		≤25	≤25~30	≤40	6 级精度直齿齿轮≤18，非直齿齿轮≤36；5 级精度达 100		≤15~35

（续）

选用指标	传动机构				
	平带传动	V 带传动	链传动	齿轮传动	蜗杆传动
外廓尺寸	大	大	大	小	小
传动精度	低	低	中等	高	高
工作平稳性	好	好	较差	一般	好
自锁能力	无	无	无	无	可有
过载保护作用	有	有	无	无	无
使用寿命	短	短	中等	长	中等
缓冲吸振能力	好	好	中等	差	差
要求制造及安装精度	低	低	中等	高	高
要求润滑条件	不需	不需	中等	高	高
环境适应性	不能接触酸、碱、油类、爆炸性气体		好	一般	一般

对初步选定的传动方案，在设计过程中还可能要不断地修改和完善。

2.2　减速器的类型、特点及应用

减速器是原动机和工作机之间的独立的封闭传动装置。由于减速器具有结构紧凑、传动效率高、传动准确可靠以及使用维护方便等特点，故在各种机械设备中应用甚广。

减速器的种类很多，用以满足各种机械传动的不同要求。其主要类型、特点及应用见表 2-2。为了便于生产和选用，常用减速器已标准化，由专门工厂成批生产。标准减速器的有关技术资料可查阅减速器标准或《机械设计手册》。因受某些条件限制选不到合适型号的标准减速器时，则需自行设计和制造。设计时可参考标准减速器的主要参数及有关资料，结合具体要求来确定非标准减速器的主要参数和结构。

表 2-2　减速器的类型、特点及应用

名　称	运动简图	推荐传动比（i）范围	特点及应用
单级圆柱齿轮减速器	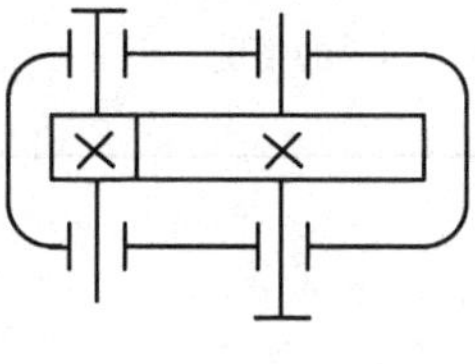	≤10	轮齿可做成直齿、斜齿或人字齿。直齿用于速度较低（$v \leqslant 8\mathrm{m \cdot s^{-1}}$）或负荷较轻的传动；斜齿或人字齿用于速度较高或负荷较重的传动。箱体通常用铸铁做成，有时也采用焊接结构或铸钢件。轴承通常采用滚动轴承，只在重型或特高速时，才采用滑动轴承。其他形式的减速器也与此类同

（续）

名　　称		运 动 简 图	推荐传动比（i）范围	特点及应用
二级圆柱齿轮减速器	展开式	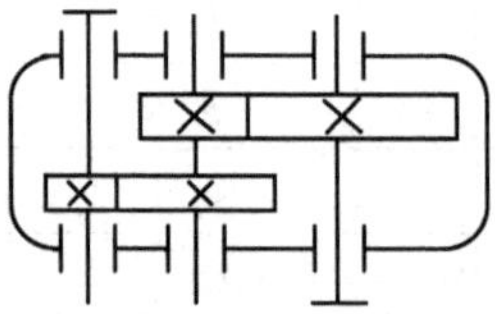	8～60	二级展开式圆柱齿轮减速器的结构简单，但齿轮相对轴承的位置不对称，因此轴应具有较大的刚度。高速级齿轮应布置在远离转矩输入端，这样，轴在转矩作用下产生的扭转变形，能减弱轴在弯矩作用下产生的弯曲变形所引起的载荷沿齿宽分布不均匀现象。建议用于载荷比较平稳的场合。高速级做成斜齿，低速级可做成直齿或斜齿
	同轴式	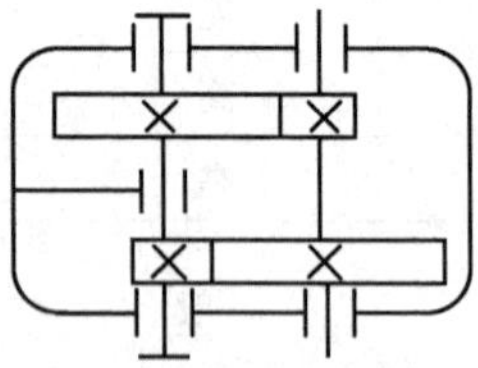	8～60	减速器长度较短。两对齿轮浸入油中深度大致相等。但减速器的轴向尺寸及重量较大；高速级齿轮的承载能力难于充分利用；中间轴较长，刚性差，载荷沿齿宽分布不均匀；仅能有一个输入和输出轴端，限制了传动布置的灵活性
单级锥齿轮减速器		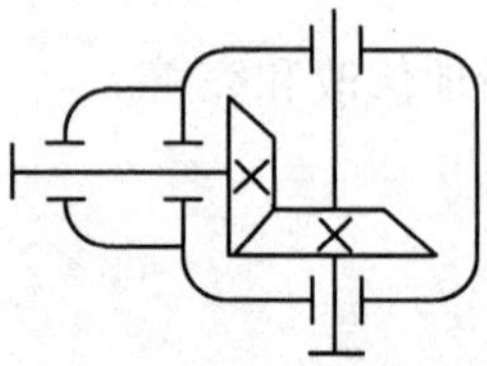	≤8	用于输入轴和输出轴两轴线垂直相交的传动，可做成卧式或立式。由于锥齿轮制造较复杂，仅在传动布置需要时才采用
锥—圆柱齿轮减速器		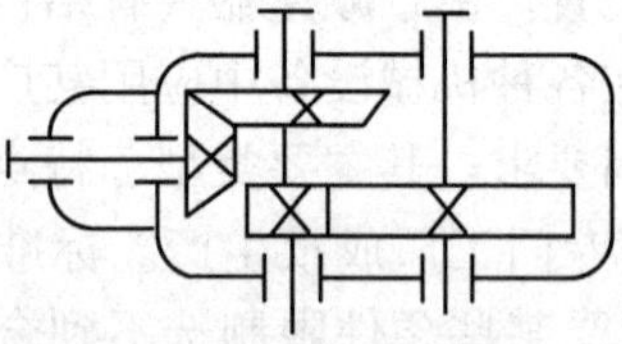	≤40	特点同单级锥齿轮减速器。锥齿轮应布置在高速级，以使锥齿轮的尺寸不致过大，否则加工困难。锥齿轮可做成直齿、斜齿或曲线齿，圆柱齿轮可做成直齿或斜齿
蜗杆减速器	蜗杆上置式	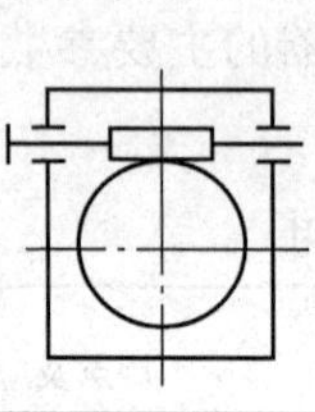	10～80	蜗杆布置在蜗轮的上边，装拆方便，蜗杆的许用圆周速度高一些，但蜗杆轴承的润滑不太方便，需采取特殊的结构措施
	蜗杆下置式	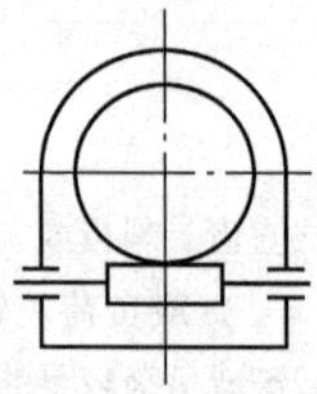	10～80	蜗杆布置在蜗轮的下边，啮合处的冷却和润滑都较好，同时蜗杆轴承的润滑也较方便。但当蜗杆圆周速度太大时，油的搅动损失较大，一般用于蜗杆圆周速度 $v<10\mathrm{m\cdot s^{-1}}$ 的情况

2.3　选择电动机

电动机已经标准化、系列化。选择电动机时，应按照工作机的要求，选择电动机的类型、结构形式、容量（功率）和转速，并确定型号。

2.3.1　电动机类型和结构形式选择

电动机有交流电动机和直流电动机之分，工业上一般都用三相交流电源，因此，无特殊要求一般应选三相交流异步电动机。最常用的电动机是 Y 系列自扇冷式笼型三相异步交流电动机。其结构简单、起动性能较好、工作可靠、效率高、价格低、维护方便，适用于不易燃、不易爆，无腐蚀性气体和无特殊要求的场合。对于需频繁起动、制动和逆转的机器，要求电动机具有转动惯量小、过载能力大，这时应选用 YZ 型（笼型）或 YZR 型（绕线性）电动机。

电动机的结构形式，按安装位置不同，有卧式和立式两类，常用卧式封闭型电动机。

2.3.2　选择电动机容量

选择电动机容量就是合理确定电动机的额定功率。电动机的功率与电动机的工作性能和经济性能有直接的关系。如果所选电动机的功率小于工作要求，则不能保证工作机正常工作，使电动机经常过载而过早损坏；如果所选电动机的功率过大，则电动机经常不能满载运行，功率因数和效率较低，从而增加电能消耗，造成浪费。因此，在设计中一定要选择合适的电动机功率。电动机的功率主要根据工作机的功率来确定。

电动机的功率按下述步骤确定：

1. 工作机所需功率 P_w

工作机所需功率 P_w 应由机器工作阻力和运动参数计算确定，可按设计任务书给定的工作机参数（F、v 或 T、n）计算求得。

$$P_w = \frac{Fv}{1000\eta_w} \quad 或 \quad P_w = \frac{Tn_w}{9550\eta_w}$$

$$v = \frac{\pi D n_w}{60 \times 1000}$$

式中，P_w 为工作机所需输入功率，单位为 kW；F 为带式输送机驱动卷筒的圆周力（即卷筒牵引力），单位为 N；v 为输送带速度，单位为 $m \cdot s^{-1}$；T 为工作机主动轴的输出转矩，单位为 $N \cdot m$；n_w 为工作机卷筒轴转速，单位为 $r \cdot min^{-1}$；η_w 为工作机的效率；D 为卷筒直径，单位为 mm。

2. 电动机的输出功率 P_d

考虑传动装置的功率损耗，电动机输出功率为

$$P_d = \frac{P_w}{\eta}$$

式中，η 为从电动机至工作机主动轴之间的总效率。

即

$$\eta = \eta_1 \cdot \eta_2 \cdots \eta_n$$

式中，η_1、η_2、…、η_n 分别为传动系统中各传动副、联轴器及各对轴承的效率，其数值见表 2-3。

表 2-3　机械传动的效率概略值

<table>
<tr><th colspan="2">类　别</th><th>传动效率 η</th><th colspan="2">类　别</th><th>传动效率 η</th></tr>
<tr><td rowspan="6">齿轮传动</td><td rowspan="2">圆柱齿轮</td><td>闭式：0.96～0.98
（7～9 级精度）</td><td rowspan="2">带传动</td><td>平带</td><td>0.95～0.98</td></tr>
<tr><td>开式：0.94～0.96</td><td>V 带</td><td>0.94～0.97</td></tr>
<tr><td rowspan="4">锥齿轮</td><td rowspan="2">闭式：0.94～0.97
（7～8 级精度）</td><td colspan="2" rowspan="2">滚子链传动</td><td>闭式：0.94～0.97</td></tr>
<tr><td>开式：0.90～0.93</td></tr>
<tr><td rowspan="2">开式：0.92～0.95</td><td rowspan="3">轴承一对</td><td rowspan="2">滑动轴承</td><td>润滑不良 0.94～0.97</td></tr>
<tr><td>润滑良好 0.97～0.99</td></tr>
<tr><td rowspan="4">蜗杆传动</td><td>自锁</td><td>0.40～0.45</td><td>滚动轴承</td><td>0.98～0.995</td></tr>
<tr><td>单头</td><td>0.70～0.75</td><td rowspan="3">联轴器</td><td>弹性联轴器</td><td>0.99～0.995</td></tr>
<tr><td>双头</td><td>0.75～0.82</td><td>齿式联轴器</td><td>0.99</td></tr>
<tr><td>三头和四头</td><td>0.80～0.92</td><td>滑块联轴器</td><td>0.97～0.99</td></tr>
</table>

3. 确定电动机额定功率 P_{ed}

根据计算出的功率 P_d 可选定电动机的额定功率 P_{ed}。应使 P_{ed} 等于或稍大于 P_d。

2.3.3　电动机转速的选择

同一类型、相同额定功率的电动机具有几种不同的转速。转速越高的电动机，其尺寸和重量越小，价格越低，效率也越高；但会使传动装置的总传动比较大，从而使减速器结构尺寸、重量和成本增加。选用转速低的电动机则情况相反。因此，应综合考虑各方面的因素，分析比较，权衡利弊，选出合适的电动机转速。一般多选用同步转速为 $1500\text{r}\cdot\text{min}^{-1}$ 或 $1000\text{r}\cdot\text{min}^{-1}$ 的电动机。

选择电动机转速时，可先根据工作机主动轴转速和传动系统中各级传动的合理传动比范围，推算出电动机转速的可选范围，即

$$n_d = (i_1 i_2 \cdots i_n) n_w$$

式中，n_d 为电动机转速可选范围；$i_1, i_2, \cdots, i_n$ 为各级传动比的合理范围，见表 2-1。

2.3.4　确定电动机型号

由选定的电动机类型、结构形式、功率和转速，由有关表格查出电动机型号及其额定功率、满载转速、外形和安装尺寸（如中心高、轴伸及键联接尺寸、机座尺寸）等。

设计传动装置时，一般按实际需要的电动机输出功率 P_d 计算，转速则取满载转速。

2.4　传动装置的总传动比及其分配

2.4.1　计算总传动比

在电动机选定后，由电动机的满载转速 n_m 和工作机主动轴的转速 n_w 可计算出传动装置应有的总传动比为

$$i = \frac{n_m}{n_w}$$

传动装置总传动比等于各级传动比的连乘积，即

$$i = i_1 i_2 \cdots i_n$$

设计多级传动装置时，需将总传动比分配到各级传动机构。

2.4.2　合理分配各级传动比

各级传动比如何取值，是设计中的一个重要问题。分配传动比时通常应考虑以下几方面：

1）各级传动机构的传动比应在常用范围内，不应超过最大值，参见表 2-1。

2）应使各级传动的尺寸协调、结构匀称合理，避免传动件之间相互干涉。例如，由带传动和齿轮传动组成的传动装置，带传动的传动比一般应小于齿轮传动的传动比。如果带传动的传动比过大，会使大带轮半径超过减速器的中心高，易使大带轮与底座发生干涉（见图 2-1）。

3）应使传动装置尺寸紧凑，重量轻，即有最小的外廓尺寸和最小的中心距。

4）减速器设计中常使各级大齿轮直径相近，以使大齿轮有相接近的浸油深度，有利于浸油润滑。

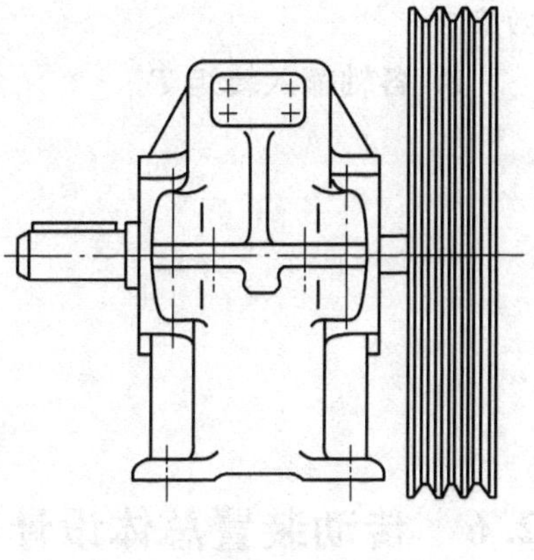

图 2-1　带轮与底座相碰

以上分配的传动比只是初始值，待有关传动零件参数确定后，再验算传动装置实际传动比是否符合设计任务书的要求。如果设计要求中没有特别规定工作机转速或速度的误差范围，则一般传动装置的传动比误差可按 ±(3 ~ 5)% 考虑，否则应重新分配传动比。

2.5　计算传动装置的运动和动力参数

为了进行传动零件的设计计算，需计算传动装置各轴的转速、功率和转矩。一般按电动机到工作机之间运动顺序逐步推算出各轴的运动和动力参数。

如图 2-2 所示的带式运输机，若已知电动机额定功率 P_{ed}、满载转速 n_m、各级传动比及传动效率，即可计算各轴的转速、功率和转矩。

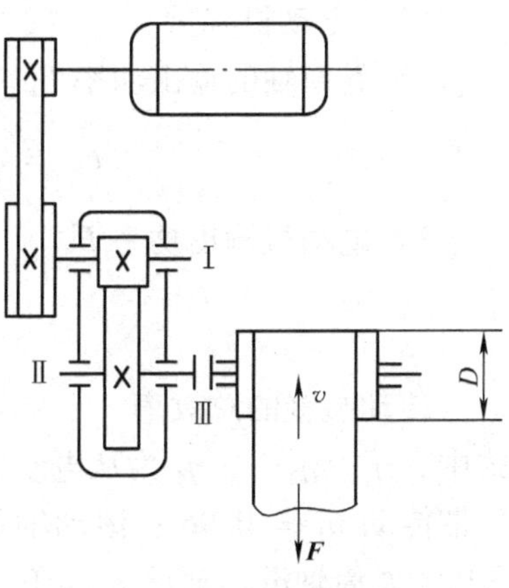

图 2-2　带式运输机

1. 各轴转速 n

图 2-2 所示传动装置的各轴转速为

$$n_{\mathrm{I}} = \frac{n_m}{i_0}$$

$$n_{\mathrm{II}} = \frac{n_{\mathrm{I}}}{i_1} = \frac{n_m}{i_0 \cdot i_1}$$

式中，n_m 为电动机的满载转速，单位为 r · min^{-1}；n_{I}、n_{II} 为Ⅰ、Ⅱ轴的转速，单位为 r · min^{-1}，i_0 为电动机到Ⅰ轴的传动比；i_1 为Ⅰ轴到Ⅱ轴的传动比。

2. 各轴输入功率 *P*

各轴输入功率分别为

$$P_{\mathrm{I}} = P_d \cdot \eta_{01}$$

$$P_{\mathrm{II}} = P_{\mathrm{I}} \cdot \eta_{12} = P_d \cdot \eta_{01} \cdot \eta_{12}$$

$$P_{\mathrm{III}} = P_{\mathrm{II}} \cdot \eta_{23} = P_d \cdot \eta_{01} \cdot \eta_{12} \cdot \eta_{23}$$

式中，P_d 为电动机的输出功率，单位为 kW；P_{I}、P_{II}、P_{III} 分别为Ⅰ轴、Ⅱ轴、Ⅲ轴的输入功率，单位为 kW；η_{01}、η_{12}、η_{23} 分别为电动机轴与Ⅰ轴、Ⅰ轴与Ⅱ轴、Ⅱ轴与Ⅲ轴间的传动效率。

3. 各轴输入转矩 *T*

$$T_{\mathrm{I}} = 9550\frac{P_{\mathrm{I}}}{n_{\mathrm{I}}}$$

$$T_{\mathrm{II}} = 9550\frac{P_{\mathrm{II}}}{n_{\mathrm{II}}}$$

$$T_{\mathrm{III}} = 9550\frac{P_{\mathrm{III}}}{n_{\mathrm{III}}}$$

2.6 传动装置总体设计的分析与计算示例

设计题目：已知带式输送机（见图 2-2）驱动卷筒的圆周力（牵引力）$F = 2200\mathrm{N}$，带速 $v = 1.1\mathrm{m \cdot s^{-1}}$，卷筒直径 $D = 270\mathrm{mm}$，卷筒效率为 0.96，输送机在常温下长期连续工作，载荷较平稳。要求对该带式输送机传动装置进行总体设计。

解：

1. 选择电动机

（1）电动机类型和结构形式　按工作要求和工作条件，选用一般用途的 Y 型全封闭笼型三相异步电动机。

（2）电动机容量

1）卷筒轴的输出功率 P_w

$$P_w = \frac{Fv}{1000\eta_w} = \frac{2200 \times 1.1}{1000 \times 0.96}\mathrm{kW} = 2.52\mathrm{kW}$$

2）电动机输出功率 P_d

$$P_d = \frac{P_w}{\eta}$$

传动装置的总效率　$\eta = \eta_1 \cdot \eta_2^2 \cdot \eta_3 \cdot \eta_4 \cdot \eta_5$

式中，η_1、$\eta_2 \cdots$，η_5 为从电动机至卷筒轴之间的各传动机构和轴承的效率。由表 2-3 查得：V 带传动 $\eta_1 = 0.96$；滚动轴承 $\eta_2 = 0.99$；圆柱齿轮传动 $\eta_3 = 0.97$；弹性联轴器 $\eta_4 = 0.99$；卷筒轴滑动轴承 $\eta_5 = 0.96$，则

$$\eta = 0.96 \times 0.99^2 \times 0.97 \times 0.99 \times 0.96 \approx 0.87$$

故

$$P_d = \frac{P_w}{\eta} = \frac{2.52}{0.87}\text{kW} = 2.90\text{kW}$$

（3）确定电动机的转速　卷筒轴工作转速为

$$n_w = \frac{60 \times 1000v}{\pi D} = \frac{60 \times 1000 \times 1.1}{\pi \times 270}\text{r} \cdot \text{min}^{-1} = 77.8\text{r} \cdot \text{min}^{-1}$$

由表 2-1 查得 V 带传动常用传动比范围 $i_1' = 2 \sim 4$，单级圆柱齿轮传动比范围 $i_2' = 3 \sim 5$，则电动机转速的可选范围为

$$n_d' = n_w \cdot i_1' \cdot i_2' = 467 \sim 1556\text{r} \cdot \text{min}^{-1}$$

符合这一范围的同步转速为 $750\text{r} \cdot \text{min}^{-1}$、$1000\text{r} \cdot \text{min}^{-1}$ 和 $1500\text{r} \cdot \text{min}^{-1}$，再根据计算出的电动机容量，选择三种适用的电动机型号（电动机型号详见第 16 章），见表 2-4。

表 2-4　适用电动机型号

方案	电动机型号	额定功率/kW	电动机转速/r · min⁻¹		传动装置的传动比		
			同步转速	满载转速	总传动比	V 带传动	齿轮
1	Y100L2-4	3	1500	1430	18.38	3.8	4.84
2	Y132S-6	3	1000	960	12.34	3.1	3.98
3	Y132M-8	3	750	710	9.13	3	3.04

综合考虑电动机和传动装置的尺寸、重量以及带传动和减速器的传动比，比较三个方案可知：方案 1 电动机转速较高，重量和价格较低，但总传动比大，传动装置尺寸较大。方案 3 电动机转速低，重量和价格较高，虽然总传动比不大，但因电动机转速低，导致传动装置尺寸较大。方案 2 适中，比较适合。因此选定电动机型号为 Y132S-6，所选电动机的额定功率 $P_{ed} = 3\text{kW}$，满载转速 $n_m = 960\text{r} \cdot \text{min}^{-1}$。选用电动机的主要外形尺寸和安装尺寸见表 2-5。

表 2-5　选用电动机的主要外形尺寸和安装尺寸　　（单位：mm）

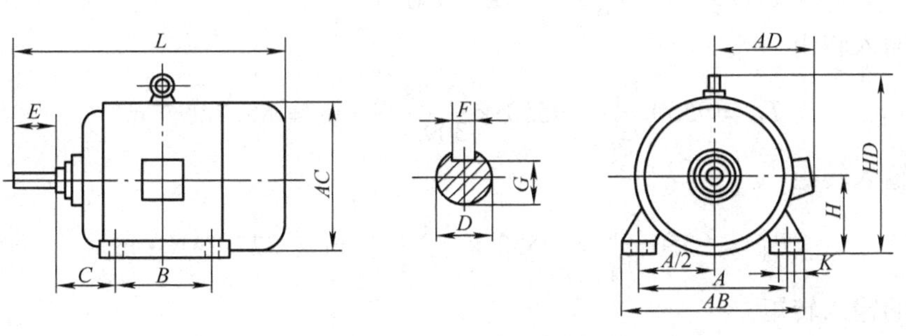

中心高 H	外形尺寸 $L \times (AC/2 + AD) \times HD$	底脚安装尺寸 $A \times B$	地脚螺栓孔直径 K	轴外伸尺寸 $D \times E$
132	475 × 347.5 × 315	216 × 140	12	38 × 80

2. 计算传动装置总传动比和分配各级传动比

（1）传动装置总传动比

$$i = \frac{n_m}{n_W} = \frac{960}{77.8} \approx 12.34$$

（2）分配各级传动比　取V带传动的传动比 $i_1 = 3.1$，则单级圆柱齿轮减速器的传动比为

$$i_2 = \frac{i}{i_1} = \frac{12.34}{3.1} \approx 3.98$$

所得 i_2 值符合单级圆柱齿轮减速器传动比的常用范围。

3. 计算传动装置的运动和动力参数

（1）各轴转速　电动机轴为0轴，减速器高速轴为Ⅰ轴，低速轴为Ⅱ轴，卷筒轴为Ⅲ轴，各轴转速为

$$n_0 = n_m = 960\text{r}\cdot\text{min}^{-1}$$

$$n_{\text{I}} = \frac{n_0}{i_1} = \frac{960}{3.1}\text{r}\cdot\text{min}^{-1} \approx 309.7\text{r}\cdot\text{min}^{-1}$$

$$n_{\text{II}} = \frac{n_{\text{I}}}{i_2} = \frac{309.7}{3.98}\text{r}\cdot\text{min}^{-1} \approx 77.8\text{r}\cdot\text{min}^{-1}$$

（2）各轴输入功率

1）Ⅰ轴的输入功率为

$$P_{\text{I}} = P_d\eta_1 = 2.9\text{kW} \times 0.96 = 2.78\text{kW}$$

2）Ⅱ轴的输入功率为

$$P_{\text{II}} = P_{\text{I}}\eta_2\eta_3 = 2.78\text{kW} \times 0.99 \times 0.97 = 2.67\text{kW}$$

3）卷筒轴的输入功率为

$$P_{\text{III}} = P_{\text{II}}\eta_2\eta_4 = 2.67\text{kW} \times 0.99 \times 0.99 = 2.62\text{kW}$$

（3）各轴输入转矩　电动机轴的输出转矩为

$$T_d = 9550\frac{P_d}{n_m} = 9550 \times \frac{2.9}{960}\text{N}\cdot\text{m} = 28.85\text{N}\cdot\text{m}$$

Ⅰ轴的输入转矩

$$T_{\text{I}} = 9550\frac{P_{\text{I}}}{n_{\text{I}}} = 9550 \times \frac{2.78}{309.7}\text{N}\cdot\text{m} = 85.72\text{N}\cdot\text{m}$$

Ⅱ轴的输入转矩

$$T_{\text{II}} = 9550\frac{P_{\text{II}}}{n_{\text{II}}} = 9550 \times \frac{2.67}{77.8}\text{N}\cdot\text{m} = 327.74\text{N}\cdot\text{m}$$

卷筒轴的输入转矩

$$T_{\text{III}} = 9550\frac{P_{\text{III}}}{n_{\text{III}}} = 9550 \times \frac{2.62}{77.8}\text{N}\cdot\text{m} = 321.61\text{N}\cdot\text{m}$$

将计算结果列于表2-6备用。

表 2–6　计算结果

参数 \ 轴名	电动机轴	Ⅰ轴	Ⅱ轴	卷筒轴（Ⅲ轴）
转速 $n/\mathrm{r \cdot min^{-1}}$	960	309.7	77.8	77.8
输入功率 P/kW	2.9	2.78	2.67	2.62
输入转矩 T/（N·m）	28.85	85.72	327.74	321.61
传动比 i	3.1	3.98		1
效率 η	0.96	0.96		0.98

第3章　传动零件的设计

进行减速器装配图设计时，必须先求得各级传动件的尺寸、参数，并选好联轴器的类型和尺寸。当传动装置中减速器外有传动件时，一般应先进行其设计，以便使减速器设计的原始条件比较准确。例如，先设计带传动，可以得到确定的带传动比（由选定标准带轮直径求得），从而得到较准确的减速器传动比，各轴转速和转矩才能比较准确地被确定。

3.1　减速器外传动件设计应注意的问题

减速器外的传动件，一般常用带传动、链传动和开式齿轮传动。设计时需要注意这些传动件与其他部件的协调问题

3.1.1　带传动设计应注意的问题

设计带传动时，应注意检查带轮尺寸与传动装置外廓尺寸的相互关系，如小带轮外圆半径是否大于电动机中心高、大带轮外圆半径是否过大造成带轮与机器底座相干涉等。要注意带轮轴孔尺寸与电动机轴或减速器输入轴尺寸是否相适应。

带轮直径确定后，应验算带传动实际传动比和大带轮转速，并以此修正减速器传动比和输入转矩。

3.1.2　链传动设计应注意的问题

链传动设计的主要内容是确定链的节距、排数、规格、链轮材料、直径和中心距等，要注意链轮的大小与其他机件的装配协调问题，应使链轮的直径、轴孔尺寸等与减速器、工作机相适应。当选用单列链尺寸过大时，则应改用双列链。画链轮结构图时，链轮齿形可不画。

3.1.3　开式齿轮传动设计应注意的问题

开式齿轮传动常用于低速级，一般采用直齿轮。因开式齿轮传动润滑条件差、磨损严重，故只需计算轮齿的弯曲强度，再将计算所得模数增大10%～20%。开式齿轮支承刚度较小，齿宽系数应取小些，以减小轮齿载荷集中。应选用耐磨性好的材料作为齿轮材料，大齿轮材料的选择应考虑毛坯的制造方法，例如，当齿轮直径超过ϕ500mm时，应采用铸造毛坯。应检查齿轮尺寸与传动装置和工作机是否相称，有无干涉问题。开式齿轮传动设计完成后，要由选定的齿轮齿数计算实际的传动比。

3.2　减速器内传动件设计应注意的问题

减速器箱体外传动件设计完成后，可进行减速器箱体内传动零件的设计计算。减速器内

传动零件设计计算及结构设计均可依据教材内容进行。此外还应注意以下几点：

1）所选齿轮材料应考虑与毛坯制造方法协调，并检查是否与齿轮大小适应。例如，齿轮直径较大时，多用铸造毛坯，应选铸钢或铸铁材料。

2）传动件的尺寸和参数取值要正确、合理。例如，齿轮和蜗轮模数应取标准值，齿轮和蜗轮中心距、齿宽和其他结构尺寸应尽量圆整，而啮合几何尺寸（节圆、螺旋角等）则必须求出精确值，一般尺寸（分度圆、齿顶圆等）应准确到小数点后两位，角度应准确到秒。

3）由于蜗杆传动副的材料不同，其适应的相对滑动速度范围也不同，因此选材料时要初估相对滑动速度，并且在传动尺寸确定后，校验其滑动速度，检查所选材料是否适当，并修正有关初选数据。

4）当蜗杆分度圆的圆周速度 $v<4\sim5\mathrm{m\cdot s^{-1}}$ 时，一般采用蜗杆下置式；当 $v>4\sim5\mathrm{m\cdot s^{-1}}$ 时，则采用蜗杆上置式。

3.3　选择联轴器的类型和型号

联轴器除了起联接两轴并传递转矩的作用外，有些还具有补偿两轴因制造和安装误差而造成的轴线偏移的功能，以及具有缓冲、吸振、安全保护等功能。因此要根据传动装置工作要求来选定联轴器类型。

传动装置中大多有两个联轴器。电动机轴与减速器高速轴联接用的联轴器，由于轴的转速较高，为减小起动载荷，缓和冲击，应选用具有较小转动惯量和具有弹性的联轴器，一般选用弹性可移式联轴器，如弹性柱销联轴器等。减速器低速轴与工作机轴联接用的联轴器，由于轴的转速较低，不必要求较小的转动惯量，但传递转矩较大，又因为减速器与工作机常不在同一底座上，要求有较大的轴线偏移补偿，因此常需选用刚性可移式联轴器，如滑块联轴器等。

标准联轴器主要按传递的转矩大小和转速来选择型号（详见第 15 章），还应注意轴孔尺寸范围是否与所联接轴的直径大小相适应。

第 4 章　减速器结构、润滑和密封的设计

4.1　减速器结构

减速器的类型很多，用途也各异，但无论何种类型的减速器，其结构都是由传动零件（齿轮或蜗杆等）、轴系部件、箱体及附件组成。图 4-1、图 4-2、图 4-3 所示分别为一级圆柱齿轮减速器、二级圆柱齿轮减速器和蜗杆减速器的结构图。

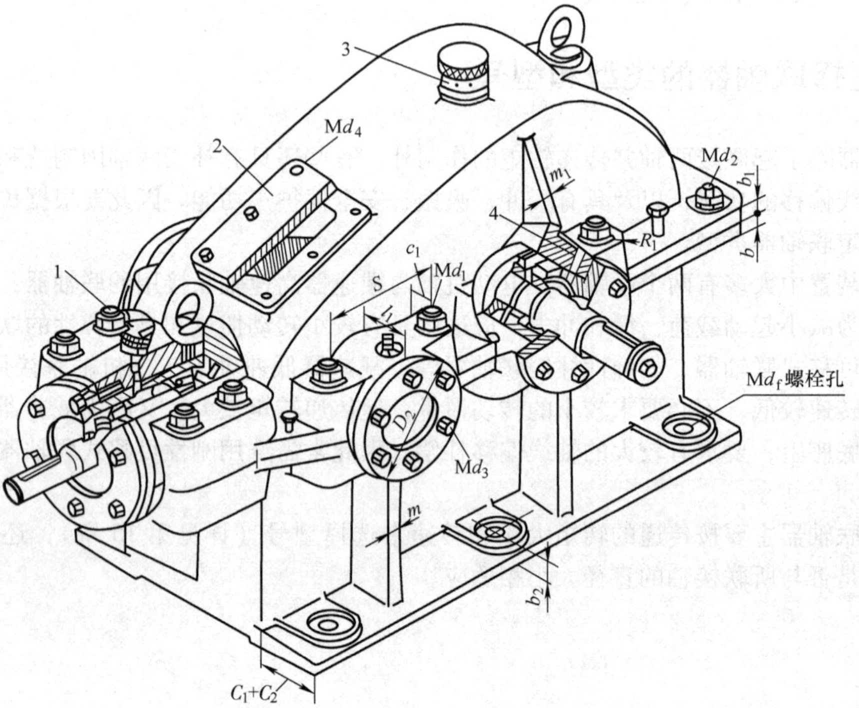

图 4-1　一级圆柱齿轮减速器

1—油杯　2—视孔盖　3—通气器　4—注油口

4.1.1　减速器的箱体

箱体是减速器的一个重要零件，用来支承和固定轴系零件，保证传动零件正常啮合，使箱体内零件具有良好润滑和密封，其结构比较复杂。在设计箱体结构时，首先要保证箱体强度和刚度，同时考虑是否密封可靠、结构紧凑、加工和装配工艺性等方面的因素。

1. 箱体结构形式

减速器箱体根据其毛坯制造方法和箱体剖分与否可分为铸造箱体和焊接箱体、剖分式箱

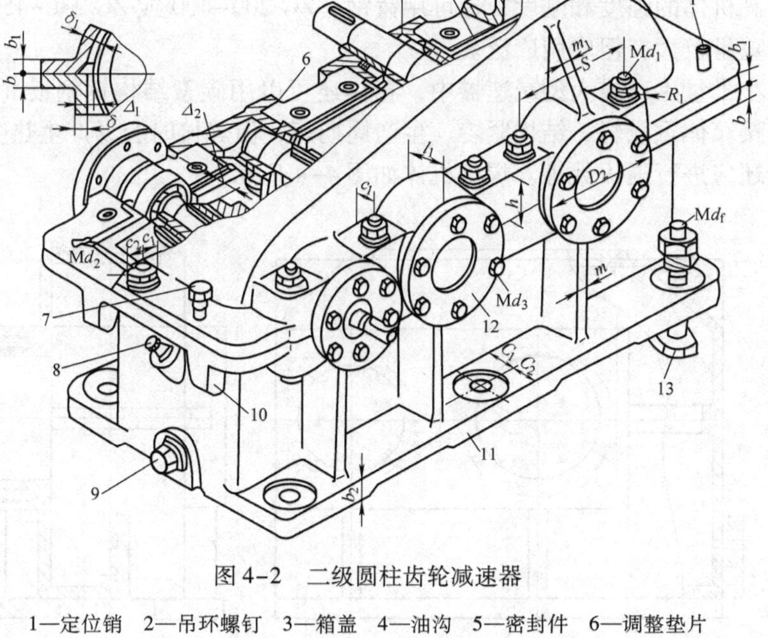

图 4-2　二级圆柱齿轮减速器

1—定位销　2—吊环螺钉　3—箱盖　4—油沟　5—密封件　6—调整垫片
7—启盖螺钉　8—油标　9—油塞　10—吊钩　11—箱座　12—轴承盖　13—地脚螺栓

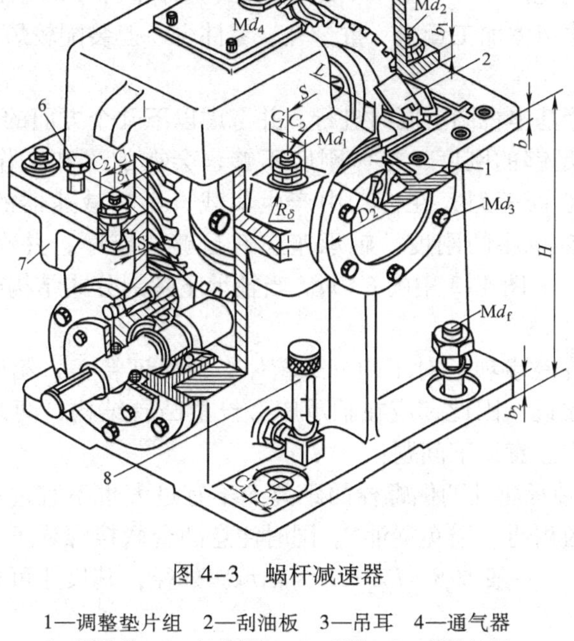

图 4-3　蜗杆减速器

1—调整垫片组　2—刮油板　3—吊耳　4—通气器
5—视孔盖　6—起盖螺钉　7—吊钩　8—管状油标

体和整体式箱体。

减速器箱体一般采用灰铸铁（HT150 或 HT200）铸造而成。铸造箱体刚性好，易加工，一次成形且变形较小，能获得较复杂的形状，适合大批大量生产。在受冲击载荷的重型减速器中，为了提高机体的强度和刚度，也可用铸钢（ZG 200–400 或 ZG 230–450）铸造。铸造机体的缺点是重量较大，但应用广泛。

在单件、小批量生产或大型减速器中，箱体还可以用碳素结构钢钢板（Q215 或 Q235）焊接而成。焊接箱体重量轻、结构紧凑、生产周期短，但焊接时容易产生热变形，技术要求较高，焊接后还应进行退火处理。焊接机体如图 4–4 所示。

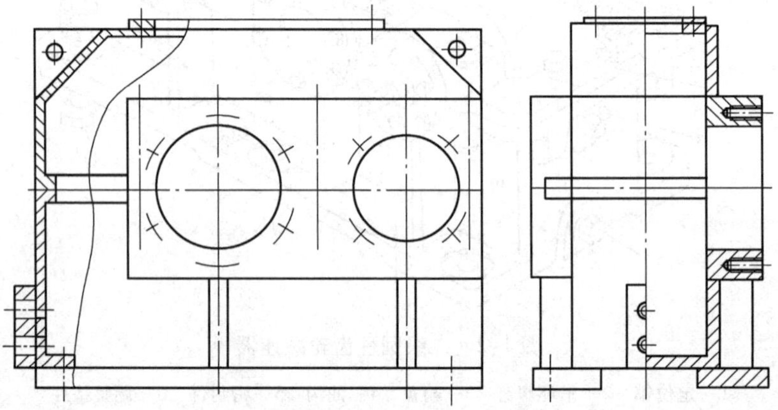

图 4–4　钢板焊成的箱体结构

减速器箱体可以采用剖分式和整体式结构。剖分式箱体结构被广泛采用，其剖分面多与传动件轴线平面重合（见图 4–1 ~ 图 4–3）。剖分式机体增加了联结面凸缘和联结螺栓，使箱体重量增大。整体式箱体加工量少、重量轻、零件少，但装配较烦琐。

2. 箱体结构设计

设计箱体应在三个基本视图上同时进行，并考虑以下几个方面的问题：

（1）箱体要具有足够的刚度　箱体刚度不够，会在加工和工作过程中产生过大的变形，引起轴承座孔中心线歪斜，在传动中产生偏载，影响减速器的正常工作。因此在设计箱体时应首先保证轴承座的刚度，轴承座应有足够的壁厚，并在轴承座附近外设加强肋，具体可参考图 4–1 ~ 图 4–3 中的 δ、m。当轴承座是剖分式结构时，还要保证它的联接刚度。

（2）剖分式箱体注意事项　对于剖分式箱体，要保证箱盖、箱座的联接刚度。必须使轴承座两侧螺栓尽量靠近。因此，应在轴承座旁设置凸台结构，两螺栓距离 S 应尽量靠近（见图 4–5）。但此时应注意以下问题：

1）S 值的确定。轴承座孔两侧螺栓的距离 S 不宜过大也不宜过小，对有输油沟的箱体注意螺栓孔不能与油沟相通（避免漏油）。同时注意凸台联接螺栓不要与轴承盖螺钉发生干涉（见图 4–5 剖视图），一般取 $S = D_2$（D_2为轴承座外径，其尺寸可根据图 4–1 ~ 图 4–3 和表 4–1 确定）

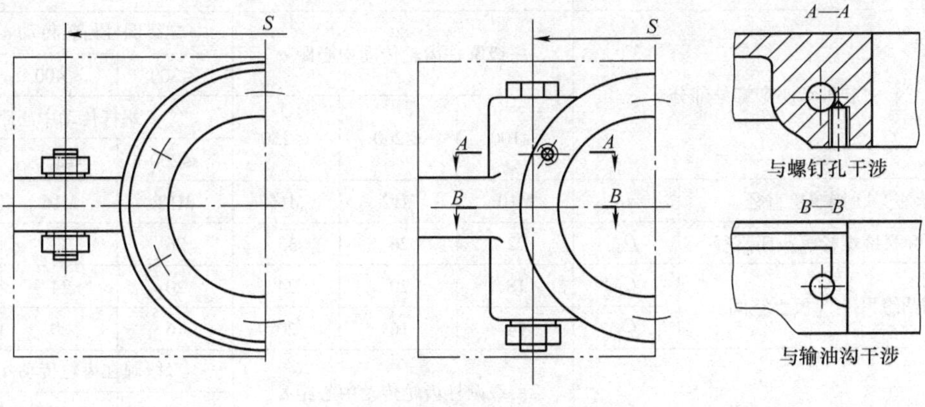

图 4-5　确定轴承座凸台位置

表 4-1　减速器铸造箱体的结构尺寸　　（单位：mm）

名　称	符　号	推荐尺寸					
一、减速器箱体厚度部分		圆柱齿轮减速器			蜗杆减速器		
下箱座壁厚	δ	一级	$0.025a+1\geqslant 8$		$0.04a+3\geqslant 8$		
		二级	$0.025a+3\geqslant 8$				
		考虑铸造工艺，所有的壁厚不应小于 8					
上箱座壁厚	δ_1	一级	$0.025a+1\geqslant 8$		蜗杆在上：$\delta_1=\delta\geqslant 8$		
		二级	$0.025a+3\geqslant 8$		蜗杆在下：$\delta_1=0.85\delta\geqslant 8$		
下箱座剖分面处凸缘厚度	b	$b=1.5\delta$					
上箱座剖分面处凸缘厚度	b_1	$b_1=1.5\delta_1$					
箱座底凸缘厚度	b_2	$b_2=2.5\delta$					
箱盖上的肋厚	m_1	$m_1>0.85\delta_1$					
箱座上的肋厚	m	$m\geqslant 0.85\delta$					
二、安装地脚螺栓部分		一级圆柱齿轮传动中心矩 a			二级圆柱齿轮传动 a_1+a_2		
					≤300	≤400	≤600
		≤100	≤200	≤250	蜗杆传动中心矩 a		
					≤200	≤250	≤350
地脚螺栓直径	d_f	M12	M16	M20	M16	M20	M24
地脚螺栓沉头座直径	D_0	40	45	48	45	48	60
底脚凸缘尺寸（扳手空间）	C_1	20	25	30	25	30	38
	C_2	18	22	25	22	25	35
地脚螺栓数目	n	4~6			n	二级圆柱齿轮	6
						蜗杆	4

（续）

名　　称	符　　号	推荐尺寸					
三、安装轴承座旁螺栓部分		一级圆柱齿轮传动中心距 a			二级圆柱齿轮传动 a_1+a_2		
					≤300	≤400	≤600
		≤100	≤200	≤250	蜗杆传动中心距		
					≤200	≤250	≤350
轴承座旁联接螺栓直径	d_1	M10	M12	M16	M12	M16	M20
轴承座旁联接螺栓沉头座直径	D_0	22	26	33	26	33	38
剖分面凸缘尺寸（扳手空间）	C_1	18	20	24	20	24	28
	C_2	14	16	20	16	20	24
四、安装上下箱螺栓部分		一级圆柱齿轮传动中心距 a			二级圆柱齿轮传动 a_1+a_2		
					≤300	≤400	≤600
		≤100	≤200	≤250	蜗杆传动中心距 a		
					≤200	≤250	≤350
上下箱联接螺栓直径	d_1	M8	M10	M12	M10	M12	M16
上下箱联接螺栓沉头座直径	D_0	18	22	26	22	26	33
箱缘尺寸（扳手空间）	C_1	15	18	20	18	20	24
	C_2	12	14	16	14	16	20
轴承盖（即轴承座）外径	D_2	D_2 = 轴承孔直径 D +（5～5.5）d_3					
箱体外壁至轴承座端面的距离	l	$l = C_1 + C_2 +（5～10）$					
轴承座孔长度（箱体内壁至轴承座端面的距离）	L	$L = l + \delta$					
轴承座旁凸台的高度	h	根据低速轴轴承盖外径 D_2 和 Md_1 扳手空间 C_1 的要求，由结构确定					
轴承座旁凸台的半径	R_1	$R_1 = C_2$					
轴承座旁联接螺栓的距离	S	为防止螺栓干涉，同时考虑轴承座的刚度，一般取 $S = D_2$					
轴承盖螺钉直径	d_3	d_3 =（0.4～0.5）d_f					
检查孔盖联接螺栓直径	d_4	d_4 =（0.3～0.4）d_f					
圆锥定位销直径	d_5	d_5 =（0.7～0.8）d_2					
大齿轮顶圆（蜗轮外圆）与箱体内壁的距离	Δ_1	≥1.2δ					
齿轮（蜗轮轮毂）端面与箱内壁的距离	Δ_2	≥δ					

2）凸台高度 h 的确定。凸台高度 h 由联接螺栓直径所确定的扳手空间 C_1 和 C_2 确定，C_1 和 C_2 值由螺栓直径确定。具体确定方法见图 4-6。为便于加工，各轴承座凸台高度应当一致，并且按最大轴承座台凸台高度确定。

3）箱盖、箱座以及底座凸缘厚度。箱盖和箱座的联接凸缘及底座凸缘都应有足够的厚度，箱盖与箱座联接处凸缘的厚度要比箱壁略厚，一般取 $b_1 = 1.5\delta_1$；$b = 1.5\delta$。为了保证箱

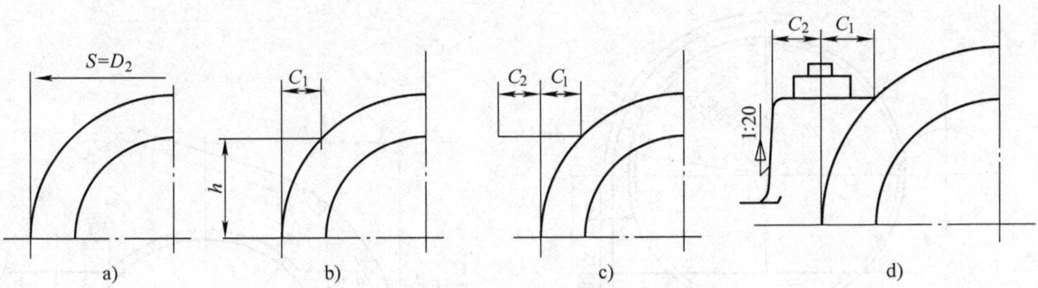

图 4-6　凸台高度的确定过程

体支承的刚度，底座凸缘的厚度也应大于箱座壁厚，一般取为 $b_2=2.5\delta$，如图 4-7 所示。其中，图 4-7b 所示底座凸缘宽度 $B\geqslant C_1+C_2+\delta$（$C_1$ 和 C_2 值见表 4-2）；图 4-7c 因底座凸缘过窄，为不正确设计。

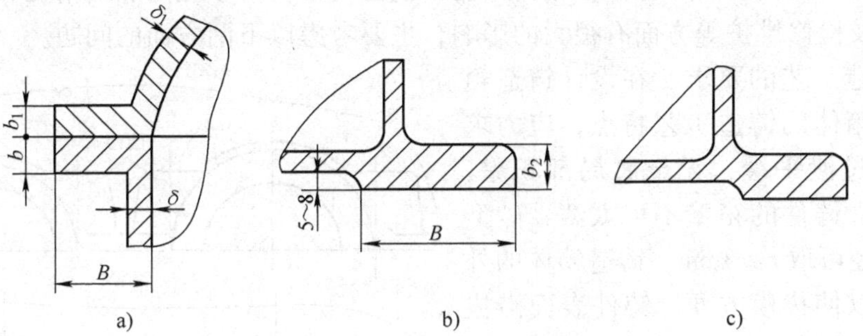

图 4-7　箱体联结凸缘及底座凸缘

a）$b_1=1.5\delta_1$，$b=1.5\delta$，$B\geqslant C_1+C_2+\delta$　b）$b_2=2.5\delta$，$B\geqslant C_1+C_2+\delta$　c）不正确

表 4-2　螺栓的 C_1、C_2 尺寸　（单位：mm）

螺栓直径	M8	M10	M12	M16	M20	M22	M24	M27
$C_{1\min}$	13	16	18	22	26	28	34	36
$C_{2\min}$	11	14	16	20	24	25	28	32
沉头螺栓直径	20	24	26	32	40	42	48	54

4）大、小齿轮端盖外表面圆弧 R 的确定。对于铸造箱体，箱盖顶部一般为圆弧形。大齿轮所在一侧箱盖的外表面圆弧以轴心为圆心，以 $R=R_a+\Delta_1+\delta_1$ 为半径画出圆弧作为箱盖顶部的部分轮廓（见图 4-8）。一般情况下，大齿轮轴承孔凸台均在此圆弧以内，设计时按有关尺寸画出即可。而小齿轮所在一侧的箱盖外表面圆弧半径往往不能用公式计算，需根据结构作图确定，最好使小齿轮轴承旁螺栓凸台位于外表面圆弧之内，如图 4-9 所示，这时圆弧半径 $R\geqslant R'+10\text{mm}$，以 R 为半径画出小齿轮处箱盖的部分轮廓。画出小齿轮、大齿轮两侧的圆弧后，可作两圆弧的切线，这样箱盖顶部轮廓完全确定了。在主视图上小齿轮一侧箱盖结构确定之后，将有关部分再投影到俯视图上，便可画出俯视图箱体内壁、外壁和箱缘等结构。

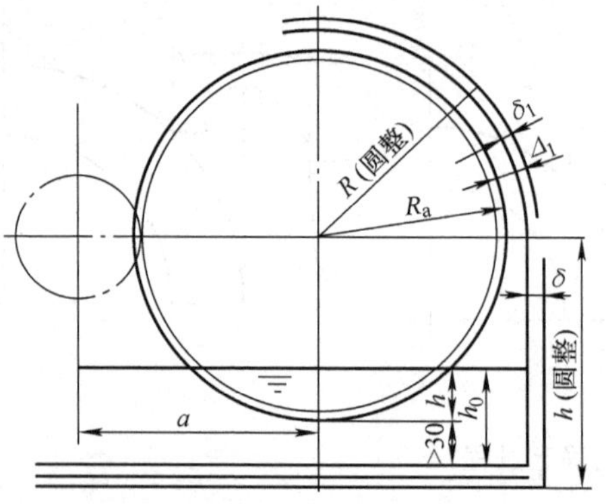

图 4-8　箱体与齿轮的距离

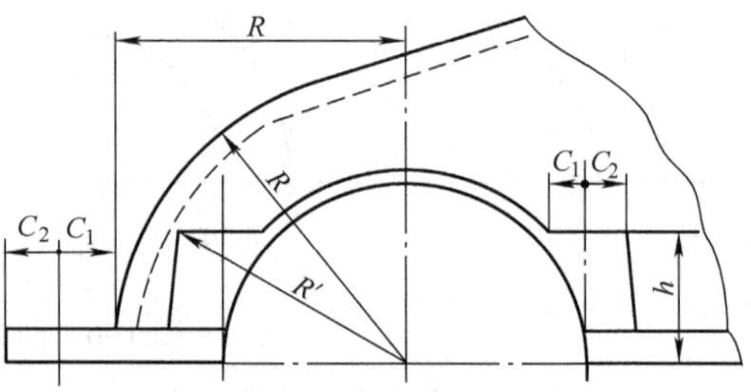

图 4-9　小齿轮端箱体内壁距离

3. 箱体结构的工艺性

箱体结构要有良好的工艺性，箱体结构工艺性的好坏对于提高加工精度、装配质量，提高生产率以及检修维护等方面有很大的影响，主要考虑以下两方面的问题。

（1）铸造工艺的要求　在设计铸造箱体时应考虑箱体的铸造工艺特点，应力求壁厚均匀，过渡平缓，无金属局部积聚，起模容易等。铸件的箱壁不可太薄，砂型铸造圆角半径可取 $r \geqslant 5$mm。铸造箱体的外形应简单，以使拔模方便。铸件表面沿拔模方向应有 1∶10 ~1∶20 的拔模斜度，应尽量减少沿拔模方向的凸起结构，以利于拔模。箱体上应尽量避免出现狭缝，以免砂型强度不够，在浇注和取模时形成废品。图 4-10a 中两凸台距离太小而形成狭缝，应将凸台连在一起，如图 4-10b 所示。

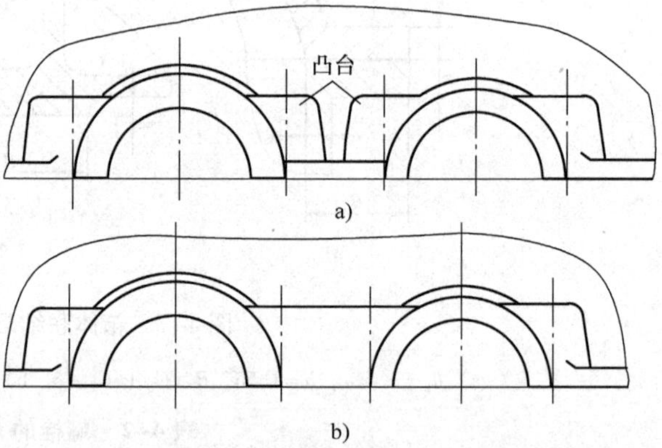

图 4-10　避免有狭缝的铸件结构

a）不好的结构　b）较好的结构

（2）机械加工工艺性的要求　设计箱体的结构形状时，为提高生产率，减少刀具的磨损，节省原材料，应尽量减少机械加工的面积。在图 4-11 所示的箱座底面结构中，图 b 为较好的结构，便于箱体找正；小型箱体则多采用图 c 所示的结构。

设计时应尽量减少工件和刀具的调整次数。例如，同一轴心线上两轴承孔的直径应尽量一致，以便于镗孔并保证镗孔精度。同一方向上的平面应尽量能一次调整、加工完成。各轴承座端面应在同一平面上。

箱体上的加工面与非加工面必须严格分开。例如，箱体的轴承座端面需要加工，因而应该凸出，如图 4-12b 所示，图 4-12a 所示为不合格结构。另外，视孔盖、通气器、油标和油塞等的结合面处，与螺栓头部或螺母接触处都应做出凸台（凸起的高度 $h=3\sim5$mm）。也可将与螺栓头部或螺母接触处锪出沉头座坑，如图 4-13 所示，其中图 b、d 为凸台加工，图 a、c 为沉头座坑加工。

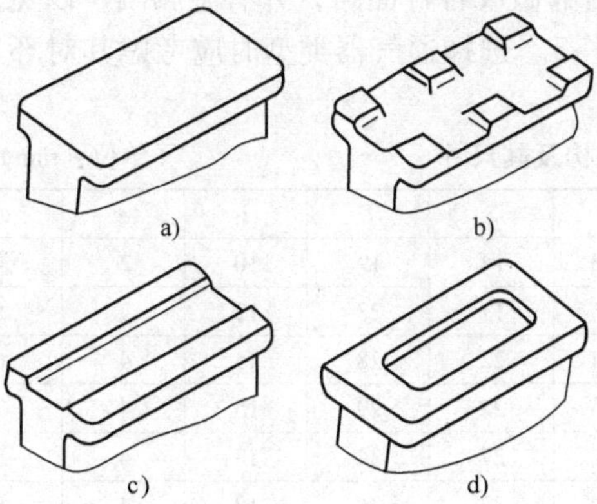

图 4-11　箱座底面结构

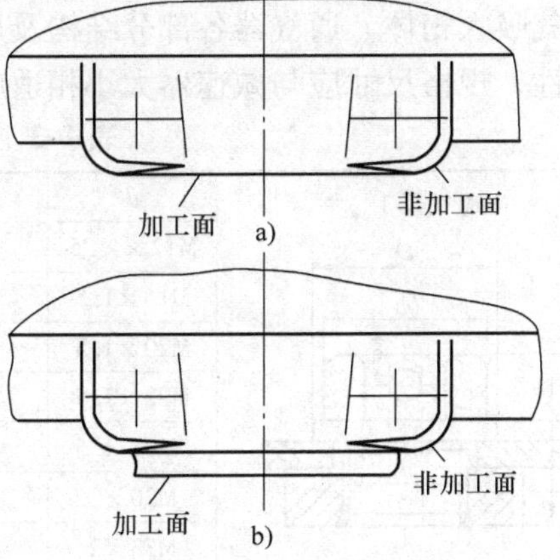

图 4-12　加工面与非加工面应分开

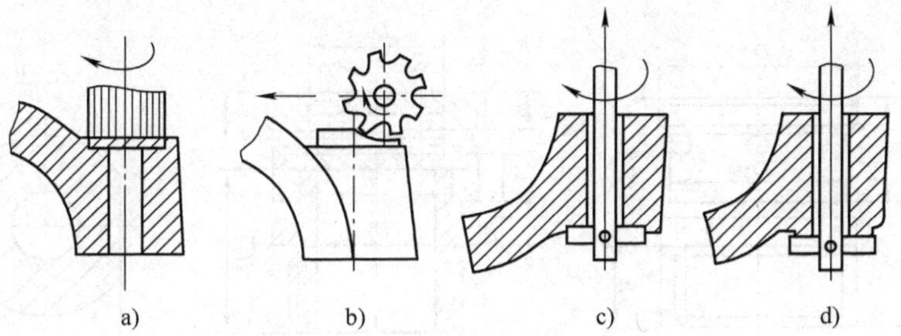

图 4-13　沉头座坑的加工方法

4.1.2　减速器附件

减速器附件是指为减速器正常工作或起吊运输而设置的一些零件，有些安装在箱体上（如起盖螺钉、油标等），有些则直接在箱体上制造出来（如吊钩等）。

1. 视孔和视孔盖

在减速器箱盖顶部开视孔可以看到传动零件的啮合处，以便检查齿面接触斑点和齿侧间隙，了解啮合情况。润滑油也由此注入机体内。视孔上有盖板，以防止污物进入机体内和润滑油飞溅出来，盖板常用钢板或铸铁制成，用M5 ~ M10 螺钉紧固。

2. 通气器

减速器运转时，由于摩擦发热，使机体内温度升高，气压增大，导致润滑油从缝隙（如剖面、轴伸处间隙）向外渗漏。所以多在机盖顶部或视孔盖上安装通气器，使机体内热膨胀气体自由逸出，达到机体内外气压相等，提高机体有缝隙处的密封性能。

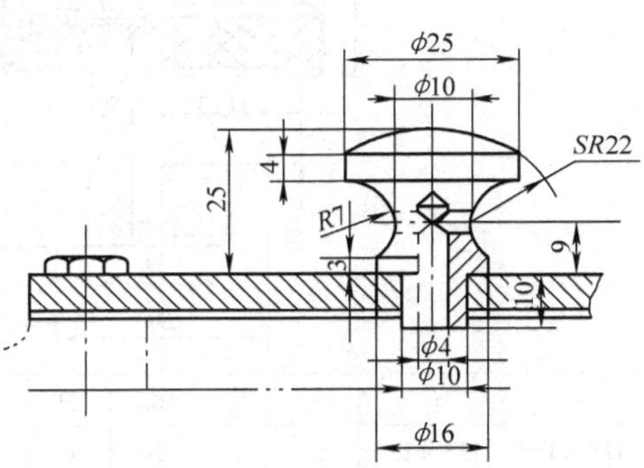

图 4-14　通气器

简易的通气器常用带孔螺钉制成，但通气孔不能直通顶端，以免灰尘进入，如图 4-14 所示。这种通气器用于比较清洁的场合。较完善的通气器内部做成各种曲路，并有金属网，以免灰尘随空气吸入箱体。通气器各部分结构及尺寸见表 4-3。选择通气器类型时应考虑其对环境的适应性，规格尺寸应与减速器大小相适应。

表 4-3　通气器的结构及其尺寸　　（单位：mm）

通气器 1

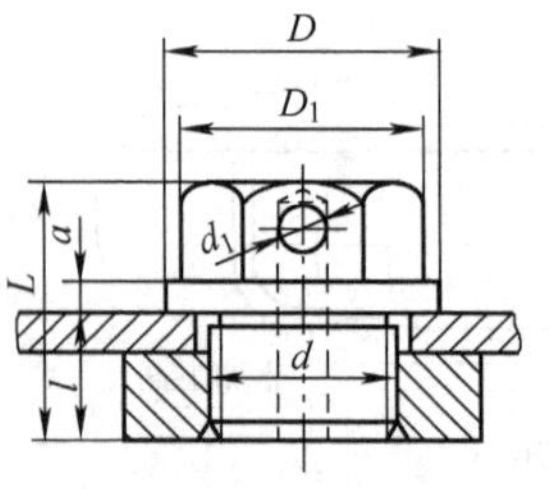

S—螺母扳手开口宽度

d	D	D_1	S	L	l	a	d_1
M12 × 1.25	18	16.5	14	19	10	2	4
M16 × 1.5	22	19.6	17	23	12	2	5
M20 × 1.5	30	25.4	22	28	15	4	6
M22 × 1.5	32	25.4	22	29	15	4	7
M27 × 1.5	38	31.2	27	34	18	4	8
M30 × 2	42	36.9	32	36	18	4	8
M33 × 2	45	36.9	32	38	20	4	8
M36 × 3	50	41.5	36	46	25	5	8

通气器 2

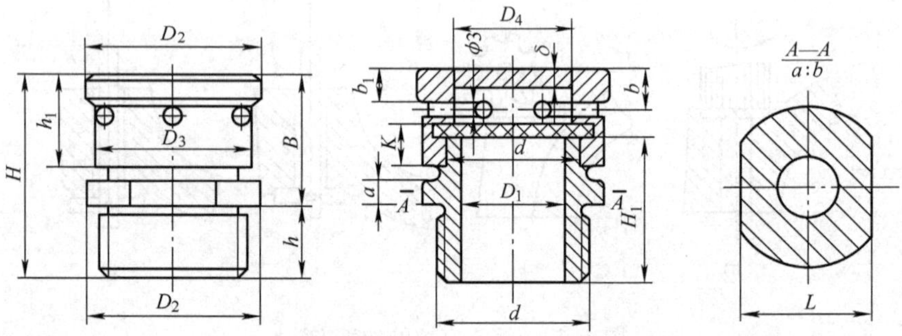

d	D_1	B	h	H	D_2	H_1	a	δ	K	b	h_1	b_1	D_3	D_4	L	孔数
M27 × 1.5	15	≈30	15	≈45	36	32	6	4	10	8	22	6	32	18	32	6
M36 × 2	20	≈40	20	≈60	48	42	8	4	12	11	29	8	42	24	41	6
M48 × 3	30	≈45	25	≈70	62	52	10	5	15	13	32	10	56	36	55	8

通气器 3

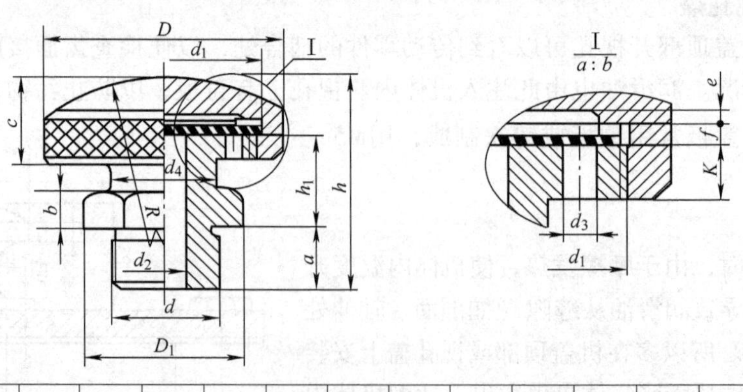

d	d_1	d_2	d_3	d_4	D	h	a	b	c	h_1	R	D_1	S	K	e	f
M18 × 1.5	M33 × 1.5	8	3	16	40	40	12	7	16	18	40	25.4	22	6	2	2
M27 × 1.5	M48 × 1.5	12	4.5	24	60	54	15	10	22	24	60	36.9	32	7	2	2
M36 × 1.5	M64 × 1.5	16	6	30	80	70	20	13	28	32	80	53.1	41	10	3	3

3. 油标

油标用来检查油面高度，以保证有正常的油量。油标有各种结构类型，常用的有油标尺、圆形油标、长形油标及油面指示螺钉等。图 4-15 中采用的是油标尺（见表 4-4），其结构简单，在减速器中使用较多，其上有刻线表示最高及最低油面。油标尺多安装在箱体侧面，设计时应合理确定油标尺插孔的位置及倾斜角度，既要避免箱体内的润滑油溢出，又要便于油标尺的插取和油标尺插孔的加工（见图 4-15c、d）。

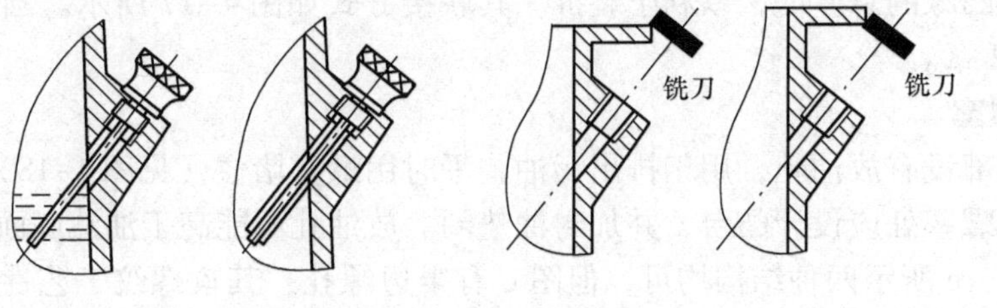

图 4-15　油标尺及结构设计图

表 4-4　油标尺　（单位：mm）

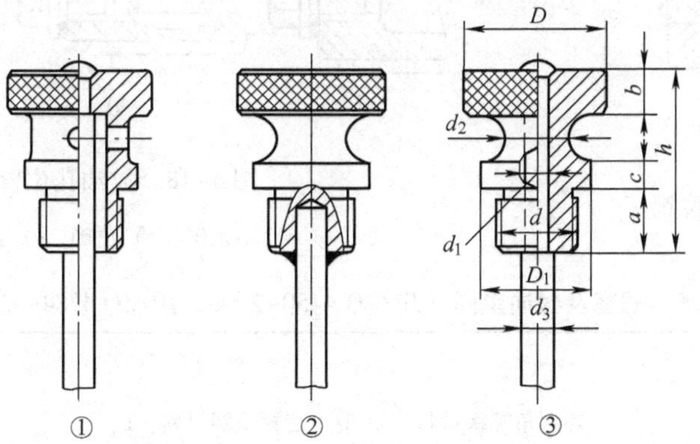

d	d_1	d_2	d_3	h	a	b	c	D	D_1
M12	4	12	6	28	10	6	4	20	16
M16	4	16	6	35	12	8	5	26	22
M20	6	20	8	42	15	10	6	32	26

4. 起盖螺钉

机盖与机座接合面上常涂有水玻璃或密封胶，连结后接合较紧，不易分开。为便于取下机盖，在机盖凸缘上常装有 1～2 个起盖螺钉，在起盖时，可先拧动此螺钉顶起机盖。在轴承盖上也可以安装起盖螺钉，便于拆卸轴承盖。起盖螺钉的直径一般等于凸缘联接螺栓直径，螺纹有效长度要大于凸缘厚度。螺钉端部要做成圆形、大倒角或半圆形，以免顶坏螺纹，如图 4-16a 所示。也可在箱座凸缘上

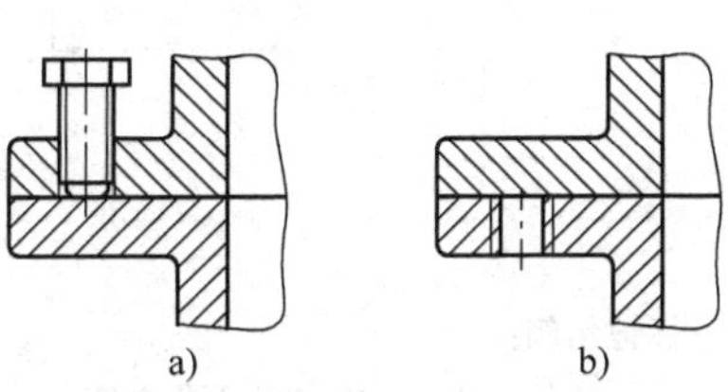

图 4-16　起盖螺钉和起盖螺孔

制出起盖用螺纹孔，螺纹孔直径等于凸缘联结螺栓直径，必要时可用凸缘联接螺栓旋入起盖螺纹孔顶起箱盖，如图 4-16b 所示。

5. 定位销

为了保证轴承座孔的加工及安装精度，在机盖和机座用螺栓联接后，镗孔之前在上、下箱体联接凸缘长度方向的两端安装两个圆锥定位销，销孔位置尽量远些。若机体结构对称（如蜗杆传动机体），销孔位置不应对称布置。

定位销的直径一般取 $d = (0.7 \sim 0.8)d_2$，d_2为箱体联接螺栓的直径，其长度应大于箱盖和箱座联结凸缘的总厚度，以利于装拆。其联接方式如图 4-17 所示。圆锥定位销是标准件，详见第 12 章。

6. 放油螺塞

减速器底部设有放油孔，用于排出污油，平时用螺塞堵住（见图4-18）。采用圆柱螺塞时，箱座上装螺塞处应设计凸台，并加封油垫圈。放油孔不能高于油池底面，以避免油排不净。图 4-18b、c 所示两种结构均可，但图 c 有半边螺孔，其攻螺纹工艺性较差。螺塞直径约为箱体壁厚的 2～3 倍。螺塞及封油垫圈的结构尺寸见表 4-5。

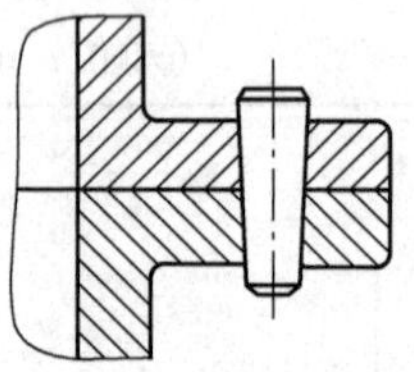

图 4-17　圆锥定位销

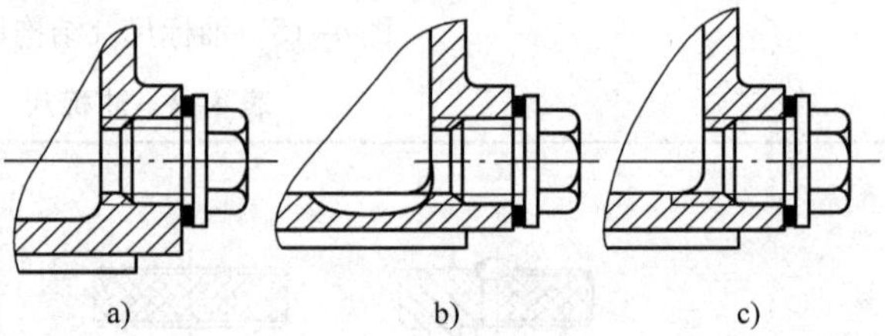

图 4-18　放油孔位置

a）不正确　b）正确　c）正确

表 4-5　螺塞及封油垫圈（JB/ZQ 4450-2006，JB/ZQ 4784—2006）　（单位：mm）

外六角螺塞材料：35 钢，密封垫圈材料：L_4

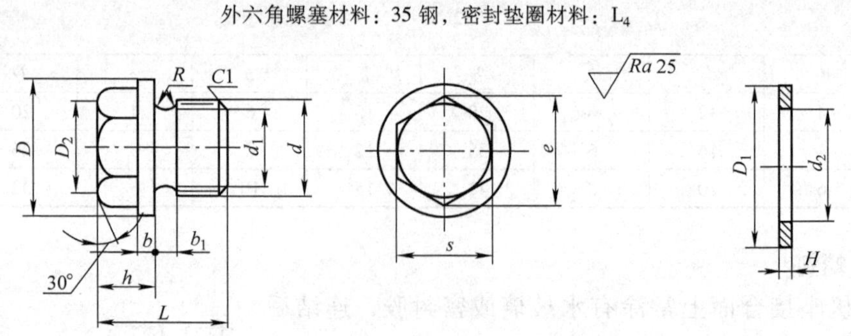

$D_2 \approx 0.95s$

标记示例：

d 为 M12 ×1.25 的外六角螺塞：

螺塞 M12 ×1.25　JB/ZQ 4450-2006

标记示例：

公称直径为 20mm 的密封垫圈：

垫圈 20；备注栏注：JB/ZQ 4784-2006

（续）

d	d_1	D	e	s	L	h	b	b_1	R	C	D_1	d_2	H
M12×1.25	10.2	22	15	13	24	12	3	3	1	1.0	15.9	12.2	1.5
M20×1.5	17.8	30	24.2	21	30	15	4	3	1	1.0	24.9	20.2	2
M24×2	21	34	31.2	27	32	16	4	4	1	1.5	28.9	24.2	2
M30×2	27	42	39.3	34	38	18	4	4	1	1.5	35.9	30.2	2

7. 吊环螺钉、吊耳和吊钩

在箱盖上装有吊环螺钉（见图 4-19）或铸出吊耳（见图 4-3）或耳环（见表 4-6），用以搬运或拆卸机盖。在箱座两端也可铸出吊钩（见图 4-2），用以搬运机座或整个减速器。为保证起吊安全，吊环螺钉应完全拧入螺孔。箱盖安装吊环螺钉处应设计凸台，以使吊环螺钉孔有足够的深度。吊环螺钉为标准件（见表 12-13），常用于吊运箱盖或小型减速器，设计时可按起吊重量选择。具体示例见表 4-6。

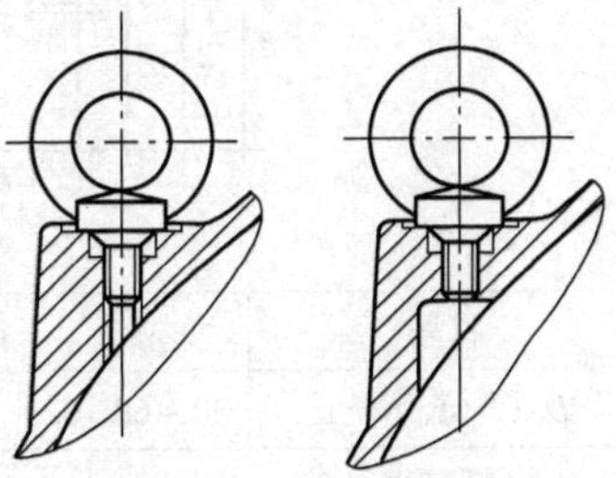

图 4-19　吊环螺钉

表 4-6　吊耳及吊钩

（单位：mm）

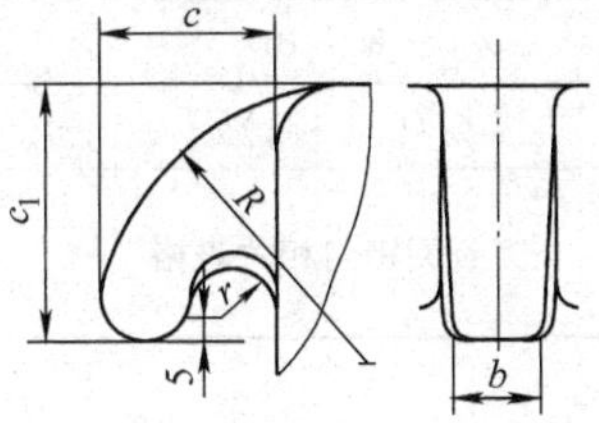	吊钩（在箱盖上铸出） $c=(4\sim5)\delta_1$ $c_1=(1.3\sim1.5)c$ $b=(1.8\sim2.5)\delta_1$ $R=c_1\quad r\approx0.2c$ δ_1— 箱盖壁厚
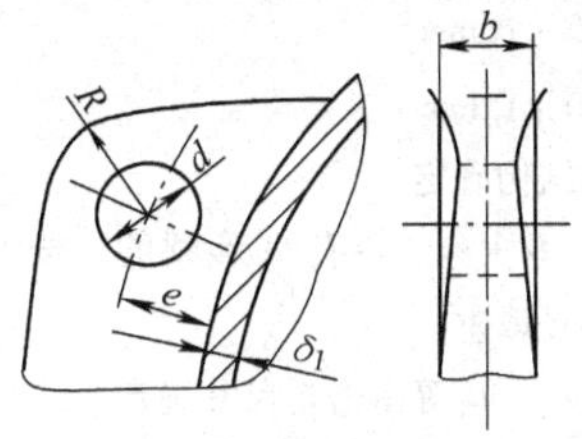	吊耳（在箱盖上铸出） $d=b\approx(1.8\sim2.5)\delta_1$ $R\approx(1\sim1.2)d$ $e\approx(0.8\sim1)d$ δ_1— 箱盖壁厚
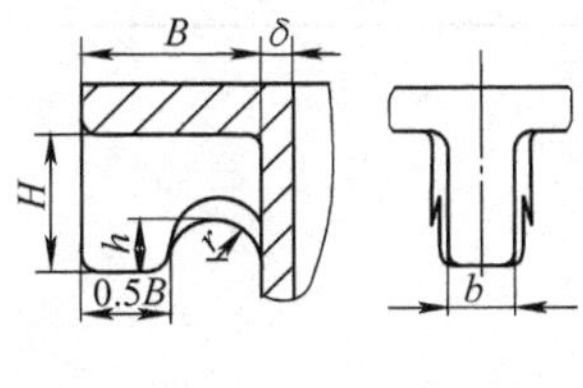	吊钩（在箱座上铸出） $B=C_1+C_2$（见表 4-2） $H\approx0.8B$ $h\approx0.5H$ $r\approx0.25B$ $b\approx(1.8\sim2.5)\delta$ δ— 箱座壁厚

8. 轴承盖

轴承盖的材料一般为灰铸铁（HT150）或铸钢。轴承端盖结构尺寸见表 4–7、表 4–8。

表 4–7　凸缘式轴承盖的结构尺寸　（单位：mm）

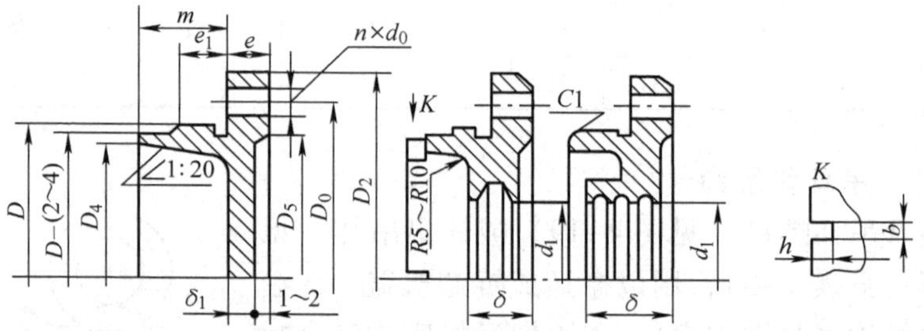

符号	尺寸关系				符号	尺寸关系
D（轴承外径）	30 ~ 60	62 ~ 100	110 ~ 130	140 ~ 230	D_5	$D_0-(2.5\sim3)d_3$
d_3（螺钉直径）	6	8	10	12 ~ 16	e	$1.2\,d_3$
n（螺钉数）	4	4	6	6	e_1	$(0.1\sim0.15)D(e_1\geqslant e)$
d_0	$d_3+(1\sim2)$				m	$(0.1\sim0.15)D$ 或由结构确定
D_0	无套杯时：$D_0=D+2.5d_3$				δ	$8\sim10$
	有套杯时：$D_0=D+2.5d_3+2S_2$				b	$8\sim10$
	套杯厚度：$S_2=7\sim12$				h	$(0.8\sim1)b$
D_2	$D_0+(2.5\sim3)d_3$				透盖密封槽的结构尺寸	查阅密封相关表格
D_4	$(0.85\sim0.9)D$					

表 4–8　嵌入式轴承盖的结构尺寸

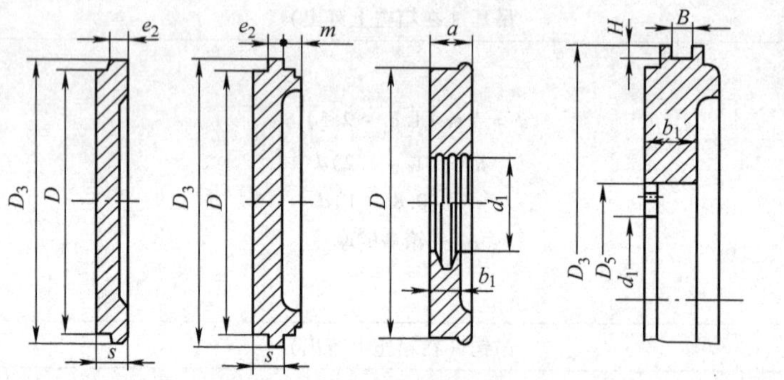

$e_2=5\sim10$mm

$s=10\sim15$mm

m 由结构确定

$D_3=D+e_2$，装有 O 形圈的，按 O 形圈外径取整

D_5、d_1、b_1 等由密封尺寸确定

H、B 按 O 形圈沟槽尺寸确定

a 由结构确定

4.2　减速器的润滑和密封

4.2.1　减速器的润滑

减速器内的传动零件和轴承都需要良好的润滑，其目的是为了减少摩擦磨损，提高传动

效率，还可以防止锈蚀，利于冷却散热，降低噪声以及提高寿命。

表4-9列出了减速器内传动零件的润滑方式，表4-10列出了减速器滚动轴承的常用润滑方式。

表4-9　减速器内传动零件的润滑方式及应用

润滑方式				应用说明
浸油润滑	一级圆柱齿轮减速器	模数 $m<20\mathrm{mm}$ 时，浸油深度 h 约为一个齿高，但不小于10mm；模数 $m>20\mathrm{mm}$ 时，浸油深度 h 约为0.5个齿高	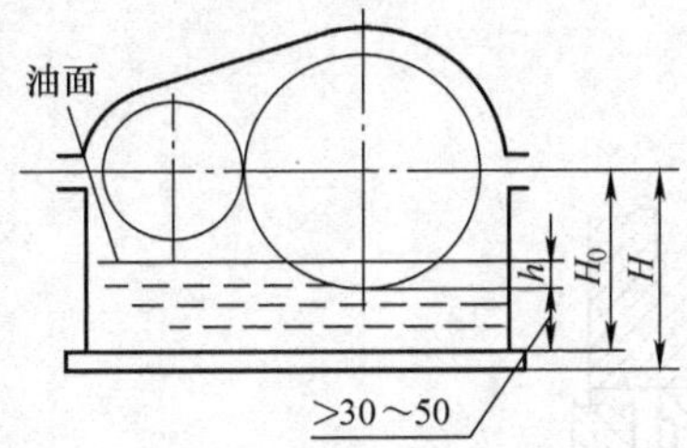	适用于圆周速度 $v<12\mathrm{m\cdot s^{-1}}$ 的齿轮传动。传动件浸油深度要适当，既要避免搅油损失太大，又要保证充分的润滑。油池要有一定的深度和贮油量。对于二级或多级齿轮减速器，应选择合适的传动比分配，使各级的大齿轮的直径尽量接近。当直径相差较大时，可采用带油轮润滑等措施
	二级或多级圆柱齿轮减速器	高速级大齿轮，浸油深度 h_f 约为0.7个齿高，但不小于10mm低速级大齿轮，当 $v=0.8\sim12\mathrm{m\cdot s^{-1}}$ 时，大齿轮浸油深度 h_s 为一个齿高；当 $v=0.5\sim0.8\mathrm{m\cdot s^{-1}}$ 时，h_s 为齿轮分度圆半径的（1/6～1/3）	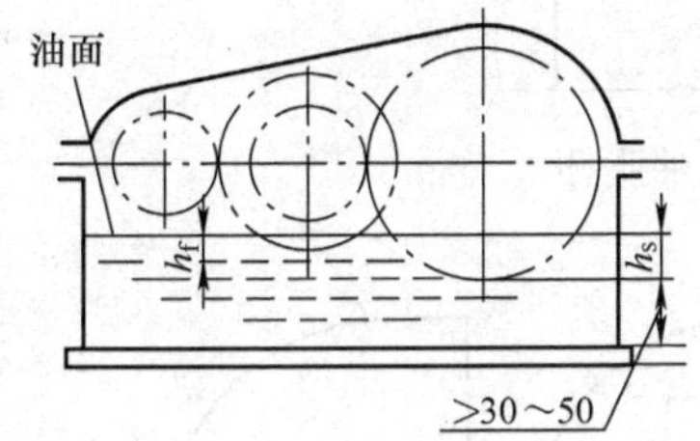	
喷油润滑	利用液压泵压力将润滑油通过油嘴喷至啮合区对传动件润滑。喷油润滑需要专门的供油装置，费用较高		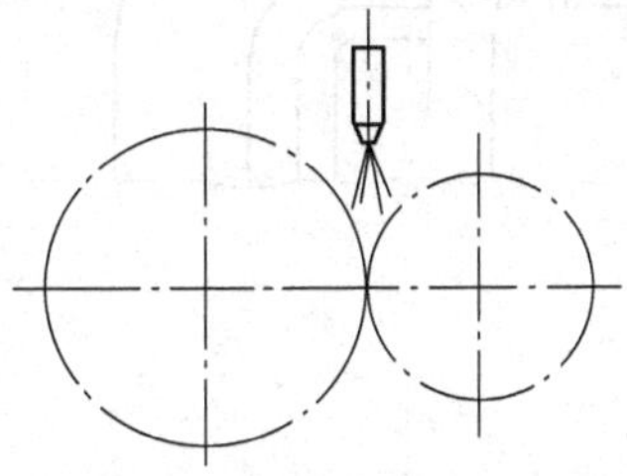	适用于圆周速度 $v>12\mathrm{m\cdot s^{-1}}$ 的齿轮传动。由于高速会导致粘在齿轮上的油被甩掉，而且导致搅油损失过大，油温上升，故应用喷油润滑措施。此外，还可用于重载或重要减速器中

表4-10　减速器滚动轴承的润滑方式及应用

润滑方式			应用说明
脂润滑		润滑脂在装配时直接填入轴承室，或采用旋盖式油脂杯压入润滑脂，如图4-20所示	适用于齿轮圆周速度 $v<2\mathrm{m\cdot s^{-1}}$ 齿轮减速器。可采用多种方式向轴承室加注润滑脂
油润滑	飞溅润滑	利用齿轮溅起的油形成油雾进入轴承室，或将溅到箱体内壁上的油汇集到输油沟中，再流入轴承室进行润滑，如图4-21所示，分箱面上油沟的断面尺寸如图4-22所示	适用于齿轮圆周速度 $v\geqslant2\mathrm{m\cdot s^{-1}}$ 的场合。当速度较大（$v\geqslant3\mathrm{m\cdot s^{-1}}$）时，飞溅油可以形成油雾；当速度较小时，应设置输油沟等，便于油流入轴承室
	刮板润滑	利用刮板将油从轮缘端面刮下，再经输油沟流入轴承室，如图4-23所示	适用于不能采用飞溅润滑的场合，如齿轮圆周速度较小，或同轴式减速器中间轴承的润滑等
	浸油润滑	使轴承局部浸入油中，但油面应不高于最低滚动体的中心	适用于中、低速下置式蜗杆轴的轴承润滑

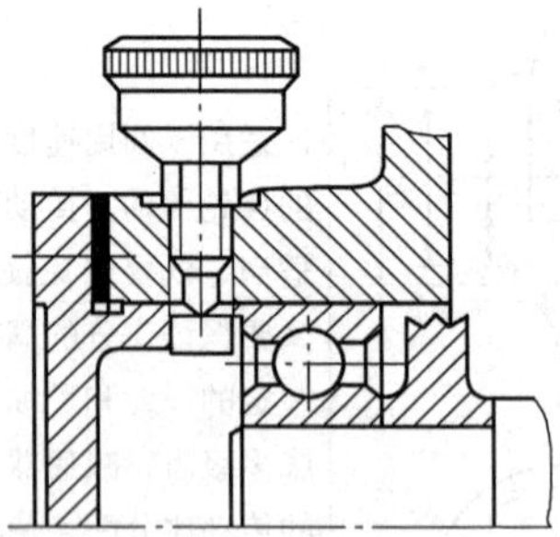

图 4-20　旋盖式油脂杯

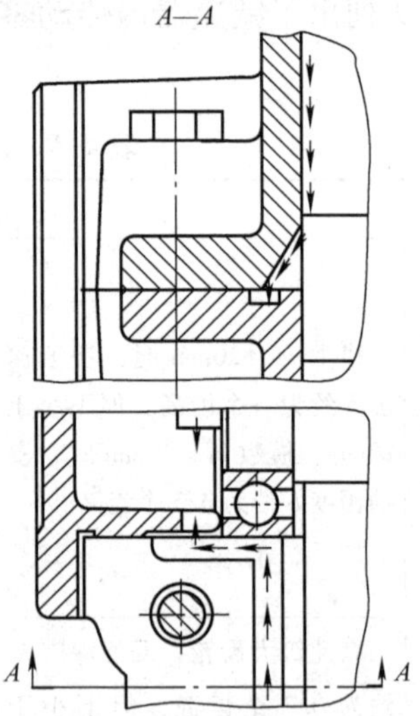

图 4-21　飞溅润滑的油路

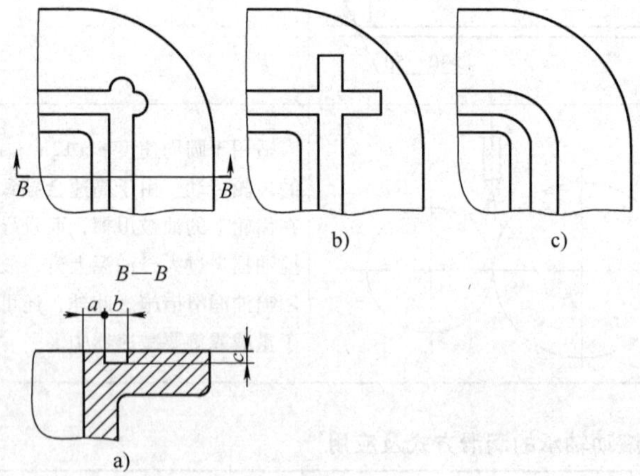

图 4-22　输油沟结构和尺寸

a）圆柱铣刀加工的输油沟　b）圆盘铣刀加工的输油沟

c）铸造的输油沟 $b=6\sim8$mm；$c=3\sim5$mm；

$a=4\sim6$mm（机械加工）；$a=5\sim8$mm（铸造）

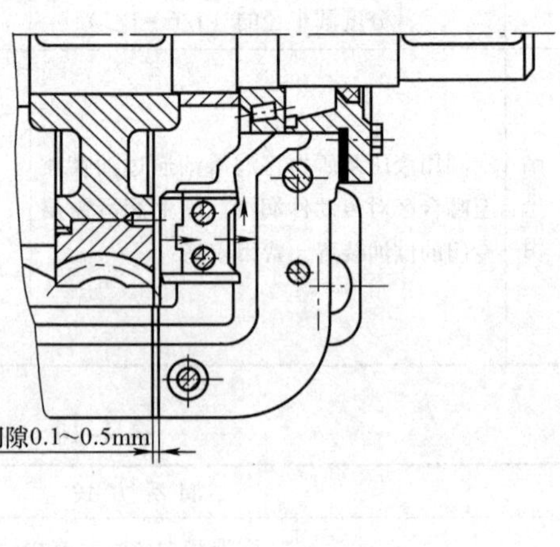

图 4-23　刮油板

箱体内应有足够的润滑油，以保证润滑和散热的需要。为了避免油搅动时沉渣泛起，齿顶到油池底面的距离应大于 30mm。由此确定减速器中心高 H，并圆整。

当轴承采用脂润滑时，为防止箱内润滑油进入轴承，造成润滑脂稀释而流出，通常在箱体轴承座内端面一侧安装挡油环，其安装位置和结构尺寸如图 4-24、图 4-25 所示。当轴承采用油润滑时，小齿轮布置在轴承旁边，而且小齿轮直径小于轴承座孔直径时，为防止齿轮啮合过程中挤出的润滑油大量进入轴承，或直接冲击轴承，应在小齿轮与轴承之间装挡油盘，如图 4-26 所示。图 4-26a 所示的挡油盘为冲压件，适用于成批生产，课程设计时尺寸选择的原则是：挡油盘的厚度大约为 2～3mm，直径等于或略小于轴承外径。图 4-26b 所示的挡油盘由车削加工制成，适用于单件或小批量生产，尺寸选择原则与前者相同，厚度一般取 3 ~ 5mm。

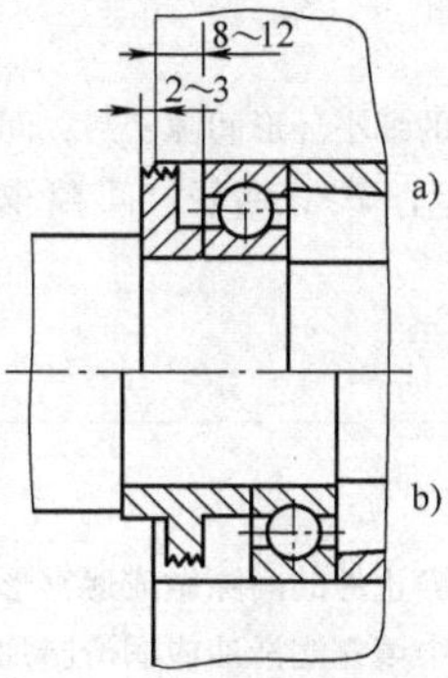

图 4-24　脂润滑时挡油环和轴承的位置

a）正确　b）不正确

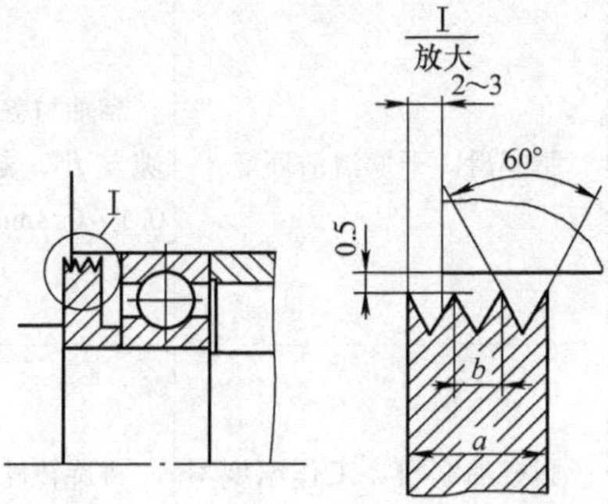

图 4-25　挡油环图

$a = 6 \sim 9\text{mm}$　$b = 2 \sim 3\text{mm}$

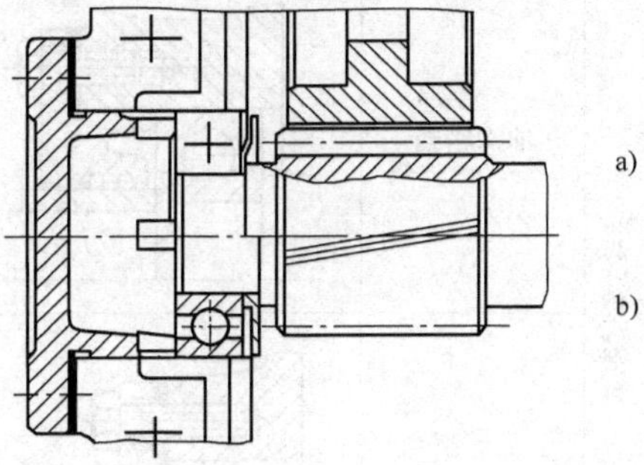

图 4-26　挡油盘

4.2.2　减速器的密封

在减速器输入轴或输出轴外伸处，为防止润滑剂向外泄漏及外界灰尘、水分和其他杂质渗入，导致轴承磨损或腐蚀，应设置密封装置。常用密封类型很多，密封效果也不相同。在选择轴承密封形式时，通常应考虑以下因素：轴承外部工作环境、轴承的转速与工作温度、轴的支承结构与特点、润滑剂的种类与性能以及密封表面的圆周速度。常见密封形式的特点及应用见表 4-11。

表 4-11　常用滚动轴承密封形式

密封类型		图　例	适用场合	说　明
接触式密封	毡圈密封	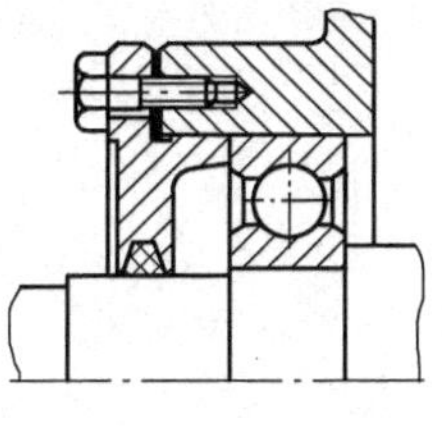	脂润滑。要求环境清洁，轴颈圆周速度 $v \leq 5\text{m} \cdot \text{s}^{-1}$，工作温度不超过 90℃	矩形断面的毛毡圈被安装在梯形槽内，它对轴产生一定的压力而起到密封作用
	密封圈密封	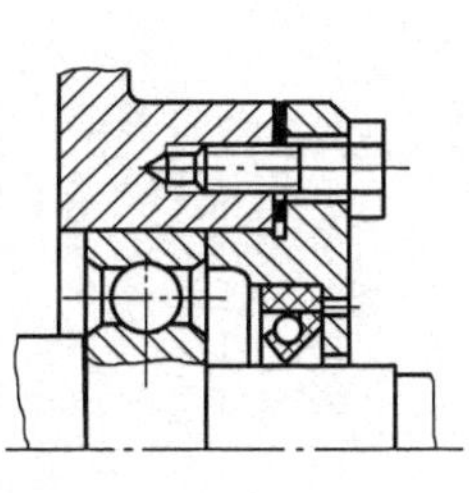	脂或油润滑。轴颈圆周速度 $v < 7\text{m} \cdot \text{s}^{-1}$，工作温度范围 40 ~ 100℃	密封圈用皮革、塑料或耐油橡胶制成，有的具有金属骨架，有的没有骨架，密封圈是标准件。图中密封唇朝内，主要目的是防漏油

（续）

密封类型		图例	适用场合	说明
非接触式密封	油沟密封	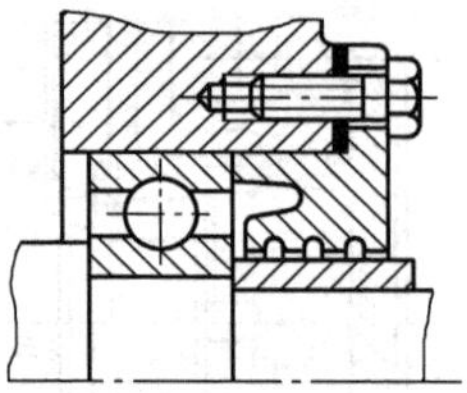	脂润滑。干燥清洁环境	靠轴与盖间的细小环形间隙密封，间隙越小、越长，效果越好，间隙取0.1～0.3mm
	迷宫式密封	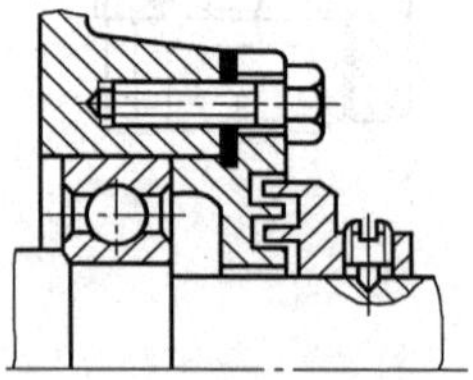	脂或油润滑。工作温度不高于密封用脂的滴点。这种密封效果可靠	将旋转件与静止件的间隙做成迷宫形式，并在间隙中填充润滑油或润滑脂加强密封效果。分径向、轴向两种

第 5 章　减速器装配图的设计和绘制

5.1　装配图设计的准备工作

装配图表达了机器的整体结构、轮廓形状、各零部件的结构、工作原理及相互关系，也是绘制零件图、指导装配、调试检验、安装及维护工作的技术依据。

装配图的设计既包括结构设计又包括校核计算，所涉及的内容较多，设计过程较复杂，常常要边画图、边计算、边修改，直至最后完成。减速器装配图可按以下步骤进行设计：

1）装配图设计的准备。

2）绘制装配草图。画出传动件及箱体内壁线的位置，进行轴的结构设计，校核轴的强度和计算轴承的寿命。

3）进行传动件的结构设计，选择轴承的润滑及密封方式。

4）减速器箱体和附件的设计。

5）完成装配图的绘制。

装配图设计的各个阶段不是绝对分开的，会有交叉和反复。在进行某些零件设计时，可能会对前面已进行的设计作必要的修改。

开始绘制减速器装配图前，应做好必要的准备工作，主要有以下几个方面：

1）通过阅读有关资料，拆装减速器或看录像等，了解和熟悉减速器的结构及各零部件的作用。

2）根据已进行的设计计算，汇总和检查绘制装配图时所必需的技术资料和数据：

① 传动装置的运动简图。

② 各传动零件的主要尺寸数据，如齿轮分度圆直径、齿顶圆直径、齿轮宽、中心距、锥齿轮的分度圆锥角等。

③ 联轴器型号、半联轴器毂孔直径以及有关安装尺寸的要求。

④ 电动机的有关尺寸，如中心高、轴径及轴伸出长度等。

3）初选滚动轴承的类型及轴的支承形式（两端固定或一端固定、一端游动等）。

4）确定减速器箱体的结构形式（整体式、剖分式）和轴承盖形式（凸缘式或嵌入式）。

5）选定图纸幅面及绘图的比例。装配图应用 A0 或 A1 图纸绘制，并尽量采用 1:1 比例尺绘图，当减速器的尺寸过大或过小时，才选用其他比例尺。

5.2　装配图设计的第一阶段

设计减速器装配图第一阶段的主要内容是进行轴的结构设计，初选轴承型号、确定轴承位置，找出轴承支点和轴上所受各力作用点的位置，以及对轴、轴承及键联接等进行校核计算。

1. 视图选择与布置图面

通常用主、俯、左三个视图并辅以必要的局部视图来表达减速器装配图。绘制装配图时，应根据传动装置的运动简图和由计算得到的减速器内部齿轮的直径、中心距，参考同类减速器图样，估计减速器的外形尺寸，合理布置三个主要视图。同时，还要考虑标题栏、明细表、技术要求及尺寸标注等所需的图面位置。

2. 确定各零件的相互位置

设计圆柱齿轮减速器装配图时，一般从主视图和俯视图开始。

在主视图和俯视图位置画出齿轮的中心线，再根据分度圆、齿顶圆直径和齿宽绘出齿轮轮廓位置，其他细节结构暂不画出，待完成草图后再画出。为保证全齿宽接触，小齿轮齿宽 b_1 应比大齿轮齿宽 b_2 大 5～10mm。

然后按表 5-1 推荐的数据确定各零件之间的位置，并绘出箱体内壁线和轴承内侧端面的初步位置，如图 5-1 所示。

表 5-1　减速器零件的位置尺寸

代号	名　称	荐 用 值	代号	名　称	荐 用 值
Δ_1	齿顶圆至箱体内壁的距离	$\geqslant 1.2\delta$，δ 为箱座壁厚	Δ_7	箱底至箱底内壁的距离	≈ 20
Δ_2	齿轮端面至箱体内壁的距离	$\geqslant\delta$（一般取 $\geqslant$10mm）	H	减速器中心高	$\geqslant R_a+\Delta_6+\Delta_7$
Δ_3	轴承端面至箱体内壁的距离	轴承用脂润滑时 $\Delta_3=8\sim12$mm 轴承用油润滑时 $\Delta_3=3\sim5$mm	L_1	箱体内壁至轴承座孔端面的距离	$=\delta+C_1+C_2+(5\sim10)$mm，$C_1$、$C_2$ 见表 4-1
Δ_4	旋转零件间的轴向距离	10～15mm	e	轴承端盖凸缘厚度	见表 4-7
Δ_5	齿轮顶圆至轴表面的距离	$\geqslant$10mm	L_2	箱体内壁轴向距离	
Δ_6	大齿轮齿顶圆至箱底内壁的距离	$>30\sim50$mm	L_3	箱体轴座孔端面间的距离	

为了避免因箱体铸造误差造成齿轮与箱体间的距离过小甚至齿轮与箱体相干涉，应使大齿轮齿顶圆、齿轮端面至箱体内壁之间分别留有适当距离 Δ_1 和 Δ_2，小齿轮一侧的箱体内壁线还应考虑其他条件才能确定，留待完成草图后在主视图上以投影关系用作图法确定，故暂不画出。

3. 确定箱体轴承座孔端面位置

在俯视图上，根据箱体壁厚和由表 4-2 确定的轴承螺栓的位置尺寸，按表 5-1 初步确定轴承座孔 L_1 的长度，可画出箱体轴承座孔外端面线，如图 5-1 所示。

4. 估算轴的直径

按扭转强度估算各轴的直径，具体计算方法参见机械设计基础教材。

当轴上有键槽时，应适当增大计算出的轴径，以补偿键槽对轴强度的削弱。若外伸轴段装有联轴器，外伸段的轴径应与联轴器毂孔直径相适应。

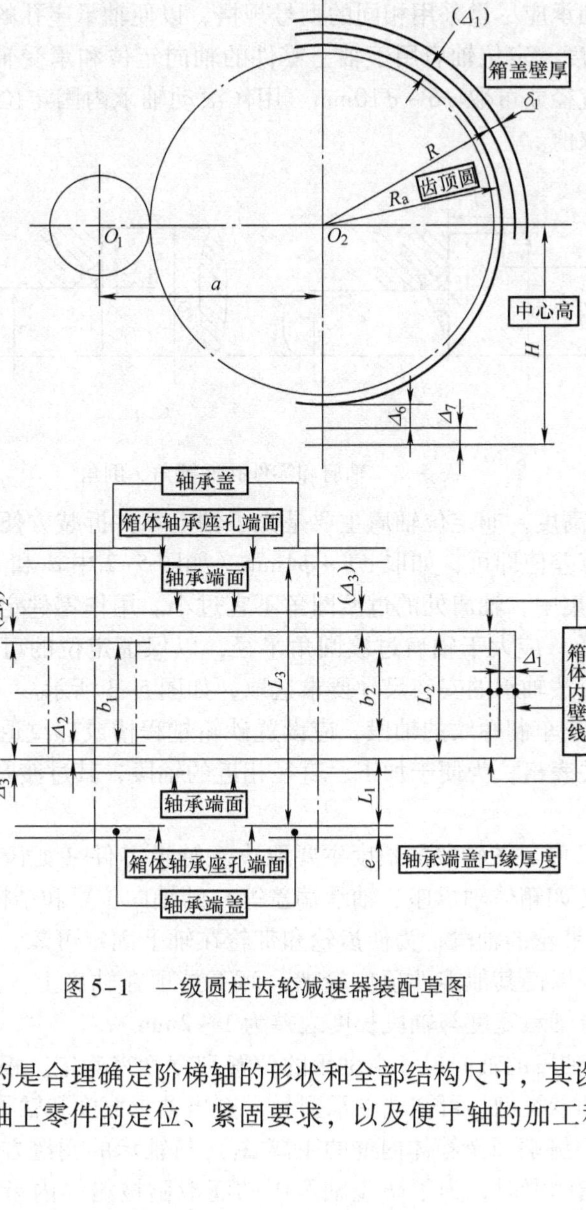

图 5-1　一级圆柱齿轮减速器装配草图

5. 轴的结构设计

轴的结构设计的目的是合理确定阶梯轴的形状和全部结构尺寸，其设计基础是估算的轴径，所设计的轴应满足轴上零件的定位、紧固要求，以及便于轴的加工和轴上零件的装拆。通常将轴设计成阶梯轴。

（1）各段轴径

1）安装齿轮、带轮和联轴器处的轴径如图 5-2 所示，d 和 d_3 应取标准值（详见第 10

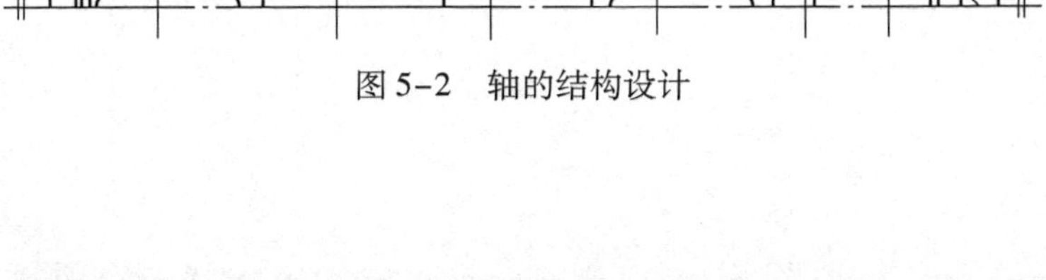

图 5-2　轴的结构设计

章）。安装密封元件和滚动轴承处的直径，则应与密封元件和轴承的内孔径尺寸一致。同一根轴上两个支点的轴承应尽量采用相同的型号规格，以便轴承座孔的加工。

2）定位轴肩高度，定位轴肩用于轴上零件的轴向定位和承受轴向力，如图 5-3 所示。一般定位轴肩处的直径差可取 $\phi6 \sim \phi10$mm。用作滚动轴承内圈定位时，轴肩的直径应按轴承的安装尺寸要求取值。

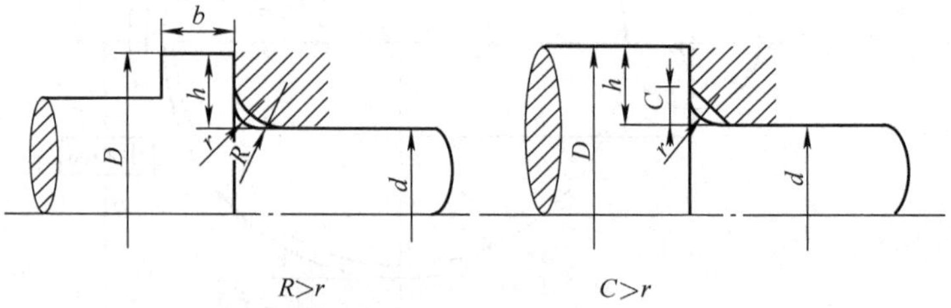

图 5-3　轴肩和零件孔的圆角、倒角

3）非定位轴肩高度，非定位轴肩主要是为了轴上零件拆装方便或区分加工表面与非加工表面，两直径略有差值即可，如取 $\phi1 \sim \phi4$mm（如图 5-2 中 d_1 和 d_2、d_2 和 d_3 的变化）。

4）为减少应力集中，轴肩处的过渡圆角不宜过小。用作零件定位的轴肩，零件轮毂孔的倒角（或圆角半径）应大于轴肩过渡圆角半径，以保证定位的可靠，安装滚动轴承处轴肩的过渡圆角半径应按轴承的安装尺寸要求选取，如图 5-3 所示。

5）对需要磨削或车制螺纹的轴段，应设置砂轮越程槽或螺纹退刀槽。砂轮越程槽和螺纹退刀槽尺寸见有关表格。为便于加工，直径相近的轴段，其过渡圆角、越程槽及退刀槽等尺寸应一致。

（2）轴的各段长度　各轴段的长度主要取决于轴上零件（如齿轮、带轮和轴承等）的宽度以及相关零件（如箱体轴承座、轴承端盖等）的轴向位置和结构尺寸。

1）安装齿轮、带轮的轴段，为使齿轮和带轮在轴上固定可靠，应使轮毂的宽度大于与之配合轴段的长度，以使其他零件顶住轮毂，而不是顶在轴肩上，如图 5-2 中安装齿轮和带轮的轴段。一般取轴毂宽度与轴段长度之差为 1 ~ 2mm。

2）安装轴承处轴段的轴向尺寸由轴承的位置和宽度来确定。根据以上对轴的各段直径尺寸设计和已选的轴承类型，可初选轴承型号，查出轴承宽度和轴承外径等尺寸。轴承内侧端面的位置（轴承内侧端面至箱体内壁的距离 Δ_3）与轴承的润滑方式有关，可按表 5-1 确定。当轴承用润滑脂润滑时，为了防止轴承中的润滑脂被箱体内齿轮啮合时（特别是斜齿轮啮合时）所挤出的冲向轴承内部的大量热油带走润滑脂，常设置挡油环，如图 5-4a 所示。

确定了轴承位置和已知轴承的尺寸后，即可在轴承座孔内画出轴承的图形。

3）轴的外伸段长度与外装零件及轴承盖的结构有关。当轴端装有弹性套柱销联轴器时，应留有拆装弹性套柱销的必要距离（见图 5-5）。如采用凸缘式轴承盖，应考虑拆装轴承盖螺栓所需的距离，以便在不拆卸外装零件的情况下，可以打开减速器机盖，L' 应大于 15mm。

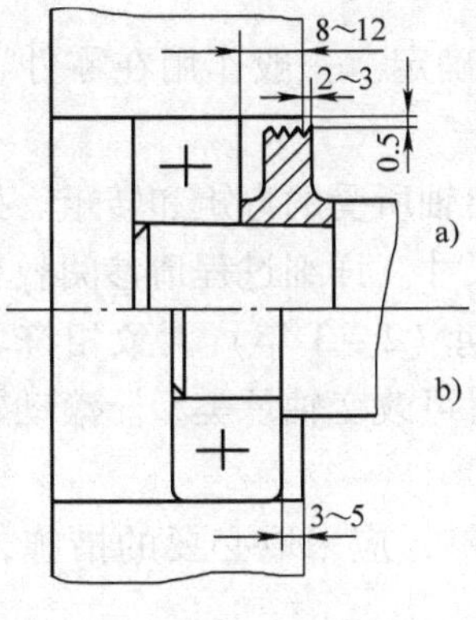

图 5-4　轴承在箱体中的位置

a）脂润滑轴承　b）油润滑轴承

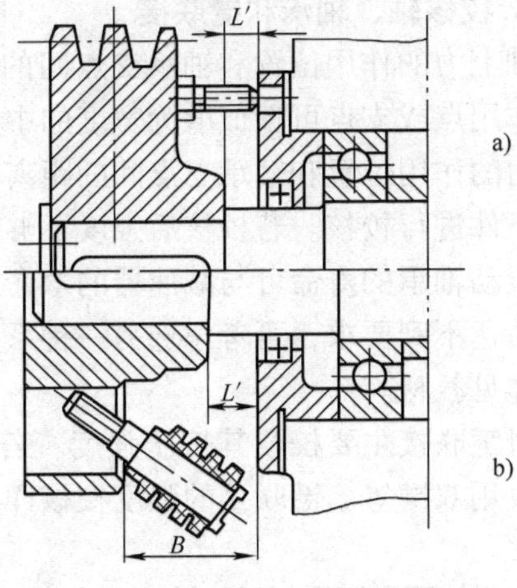

图 5-5　轴上外装零件与轴承盖间距离

（3）轴上键槽的尺寸和位置　平键的剖面尺寸根据相应轴段的直径确定，键的长度应比轴段长度短。键槽不要太靠近轴肩处，以减少轴肩圆角处的应力集中。键槽应靠近轮毂装入侧轴段部，使装配时轮毂的键槽容易对准轴上的键。

一根轴上有多个键时，在轴径相差不大时，各键可取相同的剖面尺寸；同时，轴上各键槽应布置在轴的同一方位，以便于轴上键槽的加工。

按照以上所述方法，可设计轴的结构，并在图 5-1 的基础上，初步绘出减速器装配草图，如图 5-6 所示。

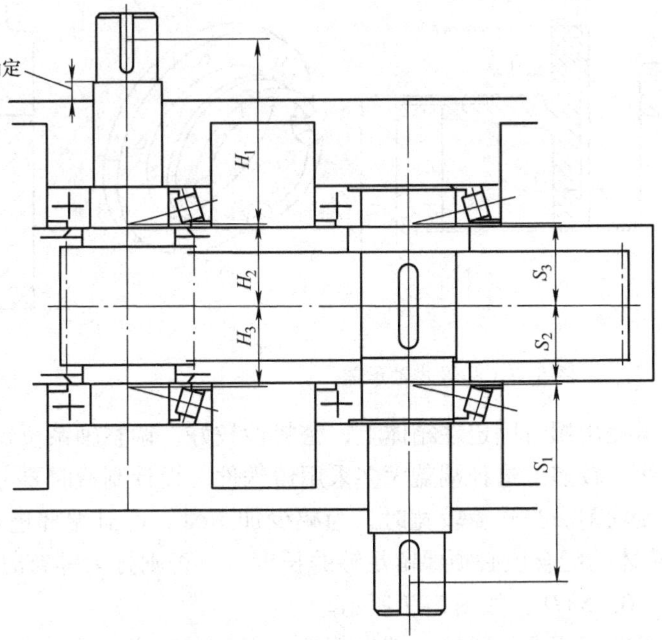

图 5-6　一级圆柱齿轮减速器装配草图（一）

6. 校核轴、轴承和键联接

轴上力的作用位置和轴承支点间的距离可由图 5-6 确定。一般作用在零件、轴承处的力的作用点或支点可近似取为宽度的中点。

力的作用位置和轴承支点间的距离确定后，便可求出轴所受的弯矩和转矩。按弯转合成强度条件进行校核。若校核后强度不够，则应修改轴的尺寸。详细过程请参阅教材。

滚动轴承的寿命可与减速器的寿命或减速器的检修期（2 ~ 3 年）大致相符。若计算出的寿命达不到要求，可考虑选另一种系列的轴承，必要时可改变轴承类型。滚动轴承的寿命计算详见教材。

对键联接主要校核其挤压强度。若键联接的强度不够，应采取必要的措施，如增加键长、改用双键等。键联接的强度校核详见教材。

5.3　装配图设计的第二阶段

这一阶段的主要工作是进行传动零件的结构设计和轴承的组合设计。

1. 齿轮的结构设计

齿轮的结构与所选材料、齿轮尺寸及毛坯的制造方法有关。设计时可参考教材及本书第 9 章有关齿轮结构设计内容和图例确定和画出齿轮的结构。

2. 滚动轴承的组合设计

（1）轴承盖的结构　轴承盖用于固定轴承的位置、调整轴系位置与轴承间隙、承受轴向力及密封轴承座孔等。轴承盖的结构形式有凸缘式（见图5-7）和嵌入式（见图5-8）两种。

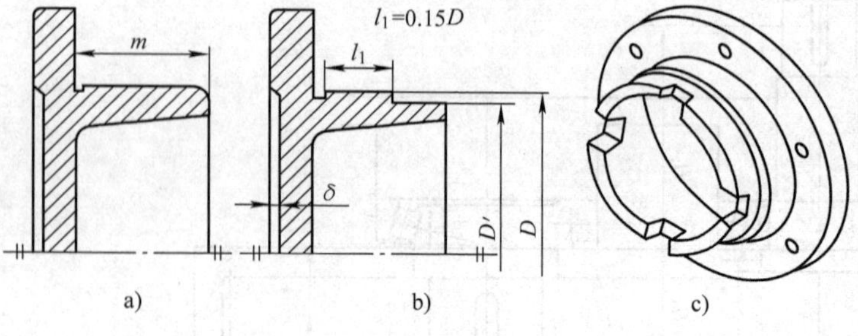

图 5-7　凸缘式轴承盖

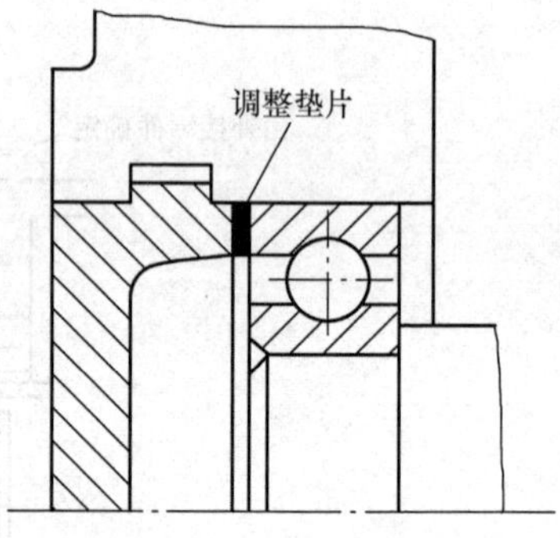

图 5-8　嵌入式轴承盖

凸缘式轴承盖用螺钉固定在箱体上，密封性较好，调整轴系位置或轴承间隙方便，不需开箱盖，因此使用较多。这种端盖大多采用铸铁件，设计制造时要考虑铸造工艺性，尽量使整个端盖的厚度均匀。当端盖较宽时，为减少加工量，可对端部进行加工，使其直径 $D' < D$，但端盖与箱体的配合段必须保留足够的长度 l_1，否则拧紧螺钉时容易使端盖歪斜，一般取 $l_1 = (0.1 \sim 0.15)D$，如图 5-7 所示。

嵌入式轴承盖不用螺栓联接，结构简单，但密封性差。在轴承盖中设置 O 型密封圈能提高其密封性能，适用于油润滑。另外，采用嵌入式轴承盖时，利用垫片调整轴向间隙要开启箱盖，使用不方便。

当轴承用箱体内的油润滑时，轴承盖应在端部开槽，使箱体剖分面上输油沟内的油可经轴承盖上的槽流入轴承（见图 4-23、图 4-26 和图 5-7c）。

设计时，可参照表 4-7 或表 4-8 确定轴承盖各部分尺寸，并绘制出其结构。

（2）轴系的轴向固定和调整　按照对轴系轴向位置的不同限定方法，轴的支承结构可分为三种基本形式，即两端固定支承，一端固定、一端游动支承以及两端游动支承。它们的结构特点和应用场合可参阅机械设计基础教材。

普通齿轮减速器的轴的支承跨距较小，较常采用两端固定支承。轴承内圈在轴上可用轴肩或套筒作轴向定位，轴承外圈用轴承盖作轴向固定。

（3）滚动轴承的润滑与密封

1）减速器滚动轴承的润滑方式参阅表 4-10 选择。

2）滚动轴承内侧的挡油环和挡油盘参阅本书第 4 章。

3）轴外伸处的密封。在减速器输入轴或输出轴外伸处，为防止润滑剂向外泄漏及外界灰尘、水分和其他杂质渗入，导致轴承磨损或腐蚀，应设置密封装置。密封装置分为接触式和非接触式两类，并有多种形式，其密封效果也不相同。为了提高密封效果，必要时可以采用两个或两个以上的密封件或不同类型密封构成的组合式密封装置。

设计时可参阅教材及本书第 9 章和表 4-11，选择适当的密封形式、确定有关结构尺寸并绘制出其结构。

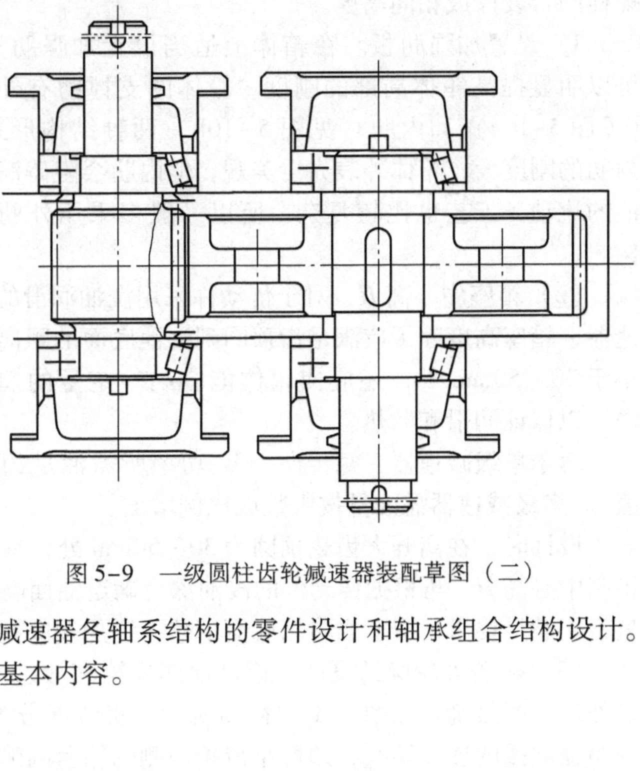

图 5-9　一级圆柱齿轮减速器装配草图（二）

按照上述设计内容和方法逐步完成减速器各轴系结构的零件设计和轴承组合结构设计。图 5-9 所示为该阶段所绘制的装配图的基本内容。

5.4　装配图设计的第三阶段

这一阶段的主要工作是进行减速器箱体和附件的设计。绘图时应按先箱体，后附件；先主体，后局部；先轮廓，后细节的顺序进行。以主视图为主，并同时兼顾其他视图。以下分别说明其设计要点。

1. 减速器箱体的结构设计

减速器箱体起支承和固定轴系零件，保证轴系运转精度，良好润滑及可靠密封等重要作用。

箱体毛坯的制造方法包括铸造和焊接，其中铸造箱体的应用广泛。

箱体结构形式有剖分式和整体式。剖分式结构安装方便，因此被广泛采用。采用剖分式结构时，应使剖分面通过轴心线。

箱体结构设计应考虑以下几个方面的问题。

（1）箱体要有足够的刚度　若箱体的刚度不够，会引起轴承孔中心线的过度偏斜，而影响传动件的运动精度。

1）箱体要有合理的壁厚。轴承座、箱体底座等处承受的载荷较大，其壁厚应更厚些。箱座、箱盖、轴承座、底座凸缘等的壁厚可参照表 4-1 确定。

2）轴承座螺栓凸台的设计。为提高剖分式箱体轴承座的刚度，轴承座两侧的联接螺栓应尽量靠近，故需在轴承座旁设置螺栓凸台，如图 4-5 所示。螺栓凸台高度 h 与扳手空间的尺寸有关。参照图 4-6 用作图法可确定凸台的高度 h。为了便于制造，应将箱体上各轴座旁螺栓凸台设计成相同高度。

3）设置加强肋板。在箱体上适当设置加强肋板，可以明显提高箱体局部的刚度。箱体的支撑肋有外肋（见图 5-10a）和内肋（见图 5-10b）两种结构形式。内肋的刚度大，箱体外表光滑美观，但内肋会阻碍润滑油的流动，工艺也比较复杂，所以一般多采用外肋结构。

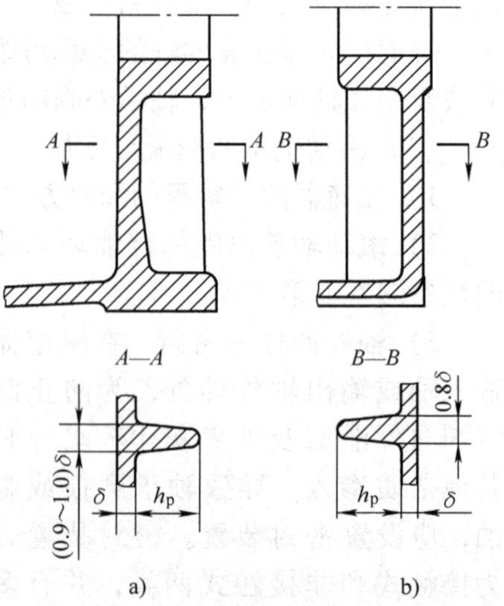

图 5-10　肋板的形状和尺寸

a）外肋　b）内肋

（2）箱座中心高 H　对于传动件采用浸油润滑的减速器，箱座高度除了应满足齿顶圆到油池底面的距离不小于 30～50mm 外，还应使箱体能容纳一定量的润滑油，以保证润滑和散热。

对于单级减速器，每传递 1kW 功率所需油量约为（0.35～0.7）dm^3（粘度大时取大值）。多级减速器需油量按级数成比例增加。

设计时，在离开大齿轮顶圆为 30～50mm 处，画出箱体油池底面线，由表 5-1 初步确定箱座中心高 H。再根据传动件的浸油深度确定油面高度，即可计算出箱体的贮油量。若贮油量不能满足要求，应适当将箱底面下移，增加箱座高度。

（3）箱盖外轮廓的设计　箱盖顶部外轮廓常以圆弧和直线组成。大齿轮所在一侧的箱盖外表面圆弧确定如图 5-1 主视图所示，直线部分为大齿轮一侧的箱盖圆弧与小齿轮一侧的箱盖圆弧的连接切线，须待小齿轮一侧的箱盖圆弧确定以后再画。通常情况下，轴承座旁螺栓凸台处于箱盖圆弧内侧。

小齿轮一侧箱盖外轮廓圆弧半径应根据结构由作图确定。一般可使小齿轮轴轴承座螺栓凸台位于箱盖圆弧内侧，如图 4-9 所示。

当在主视图上确定了箱盖基本外廓后，便可在三个视图上详细画出箱盖的结构。

（4）箱体凸缘尺寸　箱盖与箱座联接凸缘、箱底座凸缘有一定宽度，一般取 $B \geqslant C_1 + C_2 + \delta$，可参照图 4-7 确定。

轴承座外端面应向外凸出 3～5mm（见图 4-12b），以便切削加工。箱体内壁至轴承座孔外端面的距离（轴承座孔长度）见表 4-1。

箱体凸缘联接螺栓应合理布置，为了保证联接处的密封性，螺栓间的距离不宜过大，一般减速器取 100 ~ 150mm；大型减速器可再大些。

（5）输油沟的形式和尺寸　当利用箱内传动件溅起来的油润滑轴承时，通常在箱座的凸缘面上开设输油沟，使飞溅到箱盖内壁上的油经输油沟进入轴承（见图 4-21）。

输油沟的布置和油沟尺寸见图 4-22。输油沟可以铸造（见图 4-22c），也可铣制（见图 4-22a、b）而成。由于油沟加工方便、油流动阻力小，故应用较广。

2. 减速器附件设计

减速器附件通常有视孔与视孔盖、通气器、油标、放油孔与螺塞、起盖螺钉、定位销、吊环螺钉、吊耳以及吊钩等。附件的作用详见第 4 章中 4. 1. 2 中内容。设计时应选择和确定这些附件的结构，并将其设置在箱体的合适的位置。

完成箱体和附件设计后，可画出如图 5-11 所示的减速器装配草图。

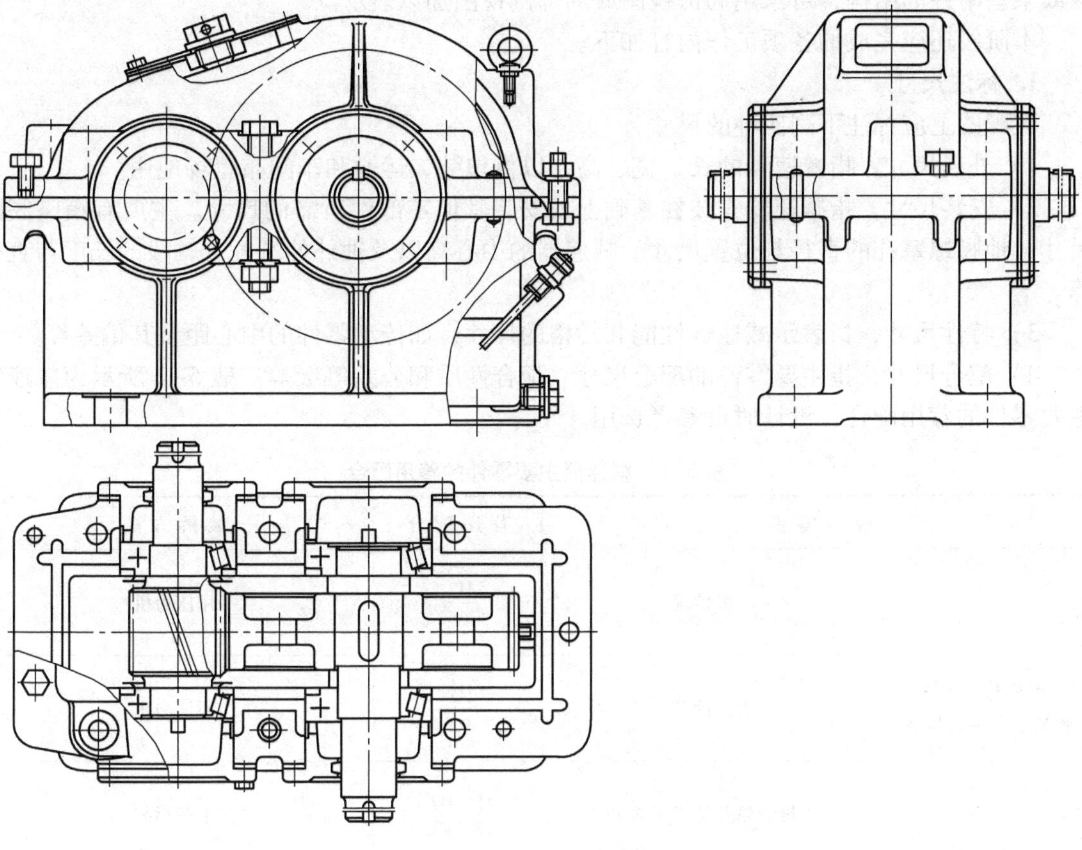

图 5-11　一级圆柱齿轮减速器装配草图（三）

减速器装配草图完成后，应进行以下检查：所绘装配图是否符合总的传动方案的要求；传动件、轴和轴承部件结构是否合理；箱体结构和附件是否合理；零部件的加工、装拆、润滑及密封等是否合理；视图的选择、表达方式是否合理，是否符合国家制图标准等。通过检查，对装配草图认真进行修改。

5.5　完成减速器装配图的绘制

减速器装配图是在装配草图的基础上绘制的。减速器装配图主要包括以下内容：

1）减速器的各个视图。

2）主要尺寸及配合。

3）减速器技术特性和技术要求。

4）零件编号及明细表。

5）标题栏。

表达减速器结构的各个视图应在已绘制的装配草图基础上进行修改、补充，使视图完整、清晰，并符合制图规范。装配图上应尽量避免用虚线表示零件结构。必须表达的内部结构或某些附件的结构，可采用局部视图或局部剖视图加以表示。

本阶段还应完成的各项工作内容如下。

1. 标注尺寸

装配图上应标注下列四种的尺寸：

1）外形尺寸，指减速器的长、宽、高，以供包装、运输和车间布置场地用。

2）安装尺寸，指减速器安装在基础上或安装其他零部件所需的尺寸。主要有箱座底面尺寸、地脚螺塞孔的直径与位置尺寸、减速器的中心高以及轴外伸端配合轴段的长度与直径等。

3）特性尺寸，指表示减速器性能和规格的尺寸，如传动零件的中心距及其偏差等。

4）配合尺寸，指主要零件的配合尺寸、配合性质和公差等级等。表 5-2 所示为减速器主要零件的荐用配合，设计时可参考选用。

表 5-2　减速器主要零件的荐用配合

<table>
<tr><th colspan="2">配合零件</th><th>荐用配合</th><th>装拆方法</th></tr>
<tr><td rowspan="3">一般齿轮、蜗轮、带轮、联轴器与轴</td><td>一般情况</td><td>$\frac{H7}{r6}$</td><td>用压力机</td></tr>
<tr><td>较少拆装</td><td>$\frac{H7}{n6}$</td><td>用压力机</td></tr>
<tr><td>小锥齿轮及经常拆装处</td><td>$\frac{H7}{m6}$, $\frac{H7}{k6}$</td><td>手锤拆装</td></tr>
<tr><td rowspan="2">滚动轴承内圈与轴</td><td>轻负荷：$P \leqslant 0.07C$</td><td>j6, k6</td><td rowspan="2">用压力机或温差法</td></tr>
<tr><td>正常负荷：$0.07C < P \leqslant 0.15C$</td><td>k5, m5
m6, n6</td></tr>
<tr><td colspan="2">滚动轴承外圈与箱体轴承座孔</td><td>H7</td><td>用木锤或徒手拆装</td></tr>
</table>

（续）

配合零件	荐用配合	装拆方法
轴承盖与箱体轴承座孔	$\frac{H7}{d11}$，$\frac{H7}{h8}$，$\frac{H7}{f9}$	徒手拆装
轴承套杯与箱体轴承座孔	$\frac{H7}{js6}$，$\frac{H7}{h6}$	

2. 编制减速器技术特性表

在减速器装配图上的适当位置写出减速器的技术特性，可采用表格形式，其内容和格式见表 5-3。

表 5-3　减速器技术特性

输入功率/kW	输入转速/$r \cdot min^{-1}$	效率 η	总传动比 i	传动特性							
				高速级				低速级			
				m_n	z_1/z_2	β	精度等级	m_n	z_4/z_3	β	精度等级

3. 编写技术要求

装配图的技术要求是用文字说明在视图上无法表达的有关装配、调整、检验、润滑及维护等方面的要求，以保证机器的工作性能。通常包括以下几个方面的内容：

（1）对安装调整的要求　装配前所有零件均应清除铁屑，并用煤油或汽油清洗，箱体内不应有任何杂物存在，内壁应涂上防蚀涂料。

1）对传动零件的要求。齿轮或蜗轮安装后，应写明传动侧隙和接触斑点的要求，作为装配时检查的依据。对于多级传动，当各级传动的侧隙和接触要求不同时，应分别在技术要求中注明。

2）对滚动轴承的安装调整的要求。对可调游隙的轴承（如圆锥滚子轴承和角接触球轴承），应在技术条件中标出轴承游隙数值。对于两端固定支承的轴系，若采用不可调游隙的轴承（如深沟球轴承），则要注明轴承盖与轴承外圈端面之间应保留的间隙（一般为 0.25 ~ 0.4mm）。

（2）对润滑的要求　润滑剂对减少传动零件和轴承的摩擦、磨损以及散热、冷却起着重要的作用。此外，还能起到吸振、防尘和防锈等作用。在技术要求中应注明传动件及轴承所用润滑剂的牌号、用量、补充和更换的时间。

润滑剂的选择需要考虑到工作载荷的性质、大小及运转速度。在高速、重载、频繁起动、长期运转的条件下，应使用粘度大的润滑油；而对于在轻载及间歇运转下工作的传动件，应使用粘度较低的润滑油。

对于圆周速度 $v<2m \cdot s^{-1}$ 的开式齿轮传动和滚动轴承，也常采用脂润滑。可根据工作温度、载荷大小和环境情况进行选择。

（3）对密封的要求　箱体剖分面及轴外伸段密封处均不允许漏油，箱体剖分面上不允许使用任何垫片，但允许涂刷密封胶或水玻璃。

（4）对试验的要求　减速器装配好后应做空载试验，正、反转各一个小时，要求运转平稳、噪声小、连接固定处不得松动。做负载试验时，油池温升不得超过 35℃，轴承温升不得超过 40℃。

（5）对外观、包装、运输的要求　减速器箱体表面应涂漆。外伸轴及零件应涂油并包装严密。运输和装卸时不可倒置。在减速器装配图上写出的技术要求条目和内容可参考第 9 章图例。

4. 零件编号

在装配图上应对所有零件进行编号，不能遗漏，也不能重复，图中完全相同的零件只编一个序号。

对零件编号时，可按顺时针或逆时针顺序依次排列引出指导线，各指引线不应相交。对螺栓、螺母和垫圈这样一组紧固件，可用一条公共指引线（见图 5-12）分别编号。独立的组件、部件（如滚动轴承、通气器及油标等）可作为一个零件编号。零件编号时，可以不分标准件和非标准件统一编号，也可将两者分别进行编号。

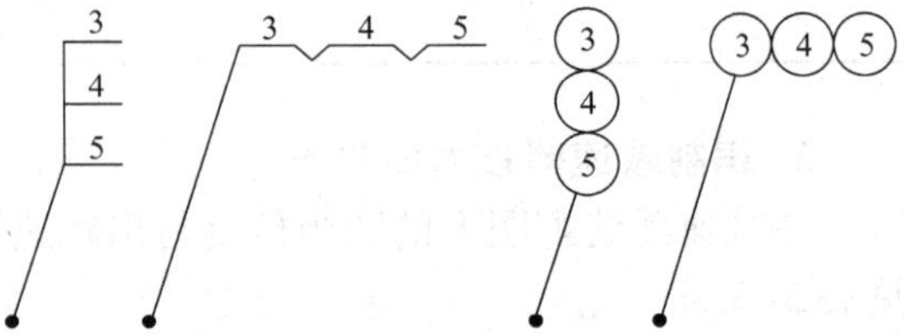

图 5-12　公共指引线编号方法

装配图上零件序号的字体应大于标注尺寸的字体。

5. 编写零件明细表、标题栏

明细表列出了减速器装配图中表达的所有零件。对于每一个编号的零件，在明细表上都要按顺序列出其名称、数量、材料及规格。

标题栏应布置在图纸的右下角，用来注明减速器的名称、比例、图号、件数、重量及设计人姓名等。标题栏和明细表的格式见表 5-4。

表 5-4　标题栏和明细表的格式（本课程用）

10	45	10	20	40	
……	……	……	……	……	……
02	螺栓 M12×40	2		GB/T 5782—2000	外购
01	箱座	1	HT200		
序号	名称	数量	材料	标准	备注

<table>
<tr><td colspan="3" rowspan="2">（装配图或零件图名称）</td><td>比例</td><td></td><td>图号</td><td></td></tr>
<tr><td>数量</td><td></td><td>材料</td><td></td></tr>
<tr><td>设计</td><td></td><td>（日期）</td><td colspan="2" rowspan="3">（课程名称）</td><td colspan="2" rowspan="3">（校名班号）</td></tr>
<tr><td>绘图</td><td></td><td></td></tr>
<tr><td>审阅</td><td></td><td></td></tr>
<tr><td>15</td><td>35</td><td>15</td><td colspan="2">40</td><td colspan="2">45</td></tr>
<tr><td colspan="7">150</td></tr>
</table>

完成以上工作后即可得到完整的装配图。

6. 检查装配图

装配图完成后，应再仔细地检查一次。检查的内容主要如下：

1）视图的数量是否足够，是否能够清楚地表达减速器的工作原理、结构和装配关系。

2）尺寸标注是否足够、正确，各处配合与精度的选择是否适当，是否与零件图一致。

3）技术要求和技术特性是否完善、正确。

4）零件编号是否齐全，有无遗漏或重复。

5）标题栏和明细表是否符合要求。

装配图的检查、修改完成之后，待零件图完成后，再加深描粗。图上的文字和数字应按制图要求工整地书写，图面要保持整洁。

第 6 章　零件图的设计

零件图是零件加工、检验和制订工艺规程的基本技术文件。它既要根据制造的加工工艺性表明加工要求，又要结合装配图表明设计要求。零件图应包括加工和检验零件所需的全部内容，即零件的图形、尺寸与公差、几何公差、表面粗糙度、热处理、材料及其他技术要求、标题栏等。

每个零件的零件图应绘制在一个标准图纸中，应尽量减少视图的数量，通常选用 1:1 的比例尺寸绘图，零件图表达的结构和尺寸应与装配图一致。

下面分别介绍轴类、齿轮类零件图的设计内容。

6.1　轴类零件图的设计要点

1. 视图

轴类零件一般用一个主视图表示，在有键槽和孔的地方，可用断面图来表达。对于结构较小不容易表达清楚的部位，如中心孔、退刀槽等，可用局部放大图来表达。

2. 尺寸标注

轴类零件的主要尺寸有径向尺寸、轴向尺寸及键槽、砂轮越程槽、退刀槽等细部尺寸。

标注径向尺寸时应注意：凡有配合处的直径都必须标注尺寸的偏差值。

标注轴向尺寸时需要注意基准面和尺寸链的问题。在选择尺寸标注的基准面时，应尽量使尺寸的标注反映加工工艺的要求，轴向尺寸不能出现封闭的尺寸链。

如图 6-1 所示，该轴主要基准面选在 *I—I* 轴肩处，它是齿轮的轴向定位面。在确定了轴肩 *I—I* 的位置后，轴上各零件的位置即可随之确定。考虑加工情况，取轴的两个端面作为辅助基准面。

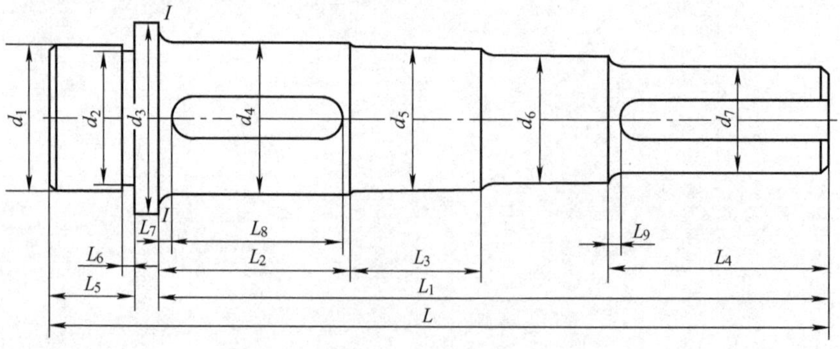

图 6-1　轴的轴向尺寸标注示例

3. 表面粗糙度

与轴承相配合的表面及轴肩端面的表面粗糙度的选择查表 6-1。轴的所有表面都要加工，其表面粗糙度值可按表 6-2 选择或查设计手册。

表 6-1　轴的表面粗糙度值 *Ra* 的推荐值

<table>
<tr><th>加工表面</th><th colspan="4">表面粗糙度值 Ra/μm</th></tr>
<tr><td>与传动件及联轴器相配合的表面</td><td colspan="4">1.6</td></tr>
<tr><td>与 G、E 级滚动轴承相配合的表面</td><td colspan="4">见表 6-2</td></tr>
<tr><td>与传动件及联轴器相配合的轴肩端面</td><td colspan="4">3.2</td></tr>
<tr><td>与滚动轴承相配合的轴肩端面</td><td colspan="4">1.6～3.2</td></tr>
<tr><td>平键键槽</td><td colspan="4">工作面：3.2，非工作面：6.3</td></tr>
<tr><td rowspan="4">密封处的表面</td><td>毡封油圈</td><td>橡胶油封</td><td></td><td>间隙及迷宫</td></tr>
<tr><td colspan="3">与接触处的圆周速度/m·s⁻¹</td><td rowspan="3">3.2～1.6</td></tr>
<tr><td>≤3</td><td>>3～5</td><td>>5～10</td></tr>
<tr><td>3.2～0.8</td><td>1.6～0.4</td><td>0.8～0.2</td></tr>
</table>

表 6-2　与轴承相配合面的表面粗糙度值

<table>
<tr><th colspan="2" rowspan="3">轴或轴承座直径/mm</th><th colspan="9">轴或外壳孔配合表面直径公差等级</th></tr>
<tr><th colspan="3">IT7</th><th colspan="3">IT6</th><th colspan="3">IT5</th></tr>
<tr><th colspan="9">表面粗糙度值/μm</th></tr>
<tr><th rowspan="2">超过</th><th rowspan="2">到</th><th rowspan="2">Rz</th><th colspan="2">Ra</th><th rowspan="2">Rz</th><th colspan="2">Ra</th><th rowspan="2">Rz</th><th colspan="2">Ra</th></tr>
<tr><th>磨削</th><th>车削</th><th>磨削</th><th>车削</th><th>磨削</th><th>车削</th></tr>
<tr><td></td><td>φ80</td><td>10</td><td>1.6</td><td>3.2</td><td>6.3</td><td>0.8</td><td>1.6</td><td>4</td><td>0.4</td><td>0.8</td></tr>
<tr><td>φ80</td><td>φ500</td><td>16</td><td>1.6</td><td>3.2</td><td>10</td><td>1.6</td><td>3.2</td><td>6.3</td><td>0.8</td><td>1.6</td></tr>
<tr><td colspan="2">端　面</td><td>25</td><td>3.2</td><td>6.3</td><td>25</td><td>3.2</td><td>6.3</td><td>10</td><td>1.6</td><td>3.2</td></tr>
</table>

注：与 P0、P6 级精度轴承配合的轴，其公差等级一般为 IT6，外壳孔一般为 IT7。

4. 几何公差

轴类零件图上应标注出必要的几何公差，以保证加工精度和减速器的装配质量。减速器轴的几何公差标注项目见表 6-3。轴的几何公差标注方法和公差值可参考相关设计手册。

表 6-3　轴的几何公差推荐项目

内　容	项　目	公差等级	对工作性能影响
形状公差	与传动零件相配合直径的圆度	IT7～IT8	影响传动零件与轴配合的松紧及对中性
	与传动零件相配合直径的圆柱度		
	与轴承相配合直径的圆柱度	IT6	影响轴承与轴配合的松紧及对中性
位置公差	齿轮的定位端面相对轴心线的轴向圆跳动	IT6～IT8	影响齿轮和轴承的定位及受载均匀性
	轴承的定位端面相对轴心线的轴向圆跳动	IT6	
	与传动零件配合的直径相对于轴心线的径向圆跳动	IT6～IT8	影响传动件的运转同心度
	与轴承相配合的直径相对于轴心线的径向圆跳动	IT5～IT6	影响轴和轴承的运转同心度
	键槽侧面对轴中心线的对称度	IT7～IT9	影响键受载的均匀性及装拆的难易

5. 技术要求

轴类零件图的技术要求一般包括以下内容：

1）材料的机械性能和化学成分的要求。

2）热处理方法、热处理后的硬度、渗碳深度等要求。

3）加工的要求，如是否要与其他零件一起配合加工（如配钻、配铰）等。

4）图中未注明圆角、倒角的说明等。

轴类零件图如图 9-8 所示。

6.2　齿轮类零件图的设计要点

1. 视图

对于齿轮类零件一般需要两个视图来表达其结构。主视图通常采用通过齿轮轴线的全剖或半剖视图。侧视图可采用以表达毂孔和键槽的形状、尺寸为主的局部视图。齿轮轴与蜗杆的视图与轴类零件图相似。为了表达齿形的有关特征和参数（如蜗杆的轴向齿距等），必要时可以画出局部剖面图。若蜗轮为组合式结构，则应该分别画出齿圈、轮体的零件图及蜗轮的组件图等（详见第 9 章）。

2. 标注尺寸

标注齿轮尺寸时，首先要选定基准面，基准面的尺寸和几何公差必须严格规定，因为它直接影响到齿轮的加工和检测精度。

在加工齿轮的轮齿时，以孔的中心线和端面作为基准。当测量分度圆上的齿厚时，其齿顶为测量基准。

当齿顶圆作为测量基准时，其齿顶圆直径公差应该按齿坯的公差选取；当齿顶圆直径不作为测量基准时，则尺寸公差按公差等级 IT11 给定，但应该不小于 $0.1m_n$（m_n为法面模数）。

3. 表面粗糙度的确定

对于齿轮类零件的所有表面都应该注明表面粗糙度，可从表 6-4 中选取相应的表面粗糙度 Ra 推荐值。

表 6-4　齿轮（蜗轮）轮齿表面粗糙度值 Ra 推荐值　　　　（单位：μm）

加工表面	传动精度等级			
	6 级	7 级	8 级	9 级
齿轮工作面	0.4～0.8	0.8～1.6	1.6	3.2
齿顶圆柱面	1.6	1.6～3.2	3.2	6.3
轴孔	0.8	0.8～1.6	1.6	3.2
与轴肩配合的端面	1.6	1.6～3.2	3.2	6.3
平键键槽	工作面：3.2～6.3　非工作面：6.3～12.5			
齿圈与轮体的配合面	1.6～3.2			
其他加工表面	6.3～12.5			
非加工面	100～50			

4. 几何公差的选定

轮坯的几何公差对齿轮类零件的传动精度影响比较大，一般需要标注的项目如下：

1）齿顶圆的径向圆跳动。

2）基准端面对中心线的轴向圆跳动。

3）键槽侧面对孔的中心线的对称度。

4）轴孔的圆柱度。

具体内容和公差等级见表 6-5，可从推荐项目中选取。

表 6-5　轮坯几何公差的推荐项目

公差项目	公差等级	对工作性能的影响
圆柱齿轮以齿顶圆作为测量基准时，齿顶圆的径向圆跳动	按齿轮、蜗轮公差等级确定	影响齿厚的测量精度，并在切齿时产生相应的齿轮齿圈径向跳动误差。
锥齿轮的齿顶圆锥的径向圆跳动 蜗轮外圆的径向圆跳动 蜗杆外圆的径向圆跳动		导致传动件的加工中心与使用中心不一致，引起分齿不均，同时会使中心线与机床的垂直导轨不平行而引起齿向误差
基准端面对轴线的轴向圆跳动	IT7 ~ IT9	影响齿轮的定位及受载的均匀性
键槽侧面对中心孔的对称度		影响键侧面受载的均匀性
轴孔的圆度	IT7 ~ IT8	影响传动零件与轴配合的松紧及对中性
轴孔的圆柱度		

5. 啮合参数表

啮合参数表的内容主要为齿轮的主要参数及误差检验项目等。表 6-6 为圆柱齿轮啮合参数表的主要内容，其中误差检验项目和公差值可查有关齿轮精度的国家标准（GB/T 10095. 1—2008，GB/T 10095. 2—2008，GB/Z 18620. 1—2008 等）。

表 6-6　啮合参数表

项　目	代　号	数　值	项　目	代　号	数　值
模数	$m(m_n)$		公差等级		
齿数	z		相啮合齿轮图号		
压力角	α		变位系数	x	
齿顶高系数	h_a^*		误差检验项目		
顶隙系数	c^*				
齿高	h				
螺旋角	β				
轮齿倾斜方向	左或右				

6. 技术要求

齿轮的技术要求包括以下内容：

1）材料的机械性能和化学成分的要求。

2）热处理方法、热处理后的硬度及渗碳深度等要求。

3）加工的要求，如是否要与其他零件一起配合加工（如配钻、配铰）等。

4）图中未注明圆角、倒角的说明等。

5）其他特殊要求，如对大型或高速齿轮的平衡试验要求等。

锥齿轮零件图和圆柱蜗杆、蜗轮的零件图，可以参考有关例图。锥齿轮的公差等级、误差检验项目及公差值按 GB/T 11365—1989 查取，圆柱蜗杆、蜗轮则按 GB/T 10089—1988 查取。

7. 齿轮精度等级在图样上的标注

新标准对齿轮精度等级在图样上的标注未作明确规定，只说明在文件需要叙述齿轮精度要求时，应注明 GB/T 10095. 1—2008，GB/T 10095. 2—2008。建议按如下方式标注：

1）若齿轮轮齿同侧齿面各检验项目同为某一级精度等级时（如同为 7 级），可标注为“7GB/T 10095. 1”。

2）若齿轮检验项目的精度等级不同时，如齿廓总偏差和单个齿距偏差为 7 级、齿距累积总偏差和螺旋线总偏差为 8 级，则标注为“7（F_{α}、f_{pt}）、8（F_{p}、F_{β}）GB/T 10095. 1”。

齿轮各检验项目及其允许值标注在齿轮零件图右上角参数表中（详见第 9 章）。

第 7 章　编写设计计算说明书及准备答辩

设计计算说明书既是图样设计的理论依据，又是设计过程的整理与总结，同时也是审核设计合理与否的技术文件。因此，编写设计计算说明书是设计工作的一个重要环节。

7.1　设计计算说明书的内容

设计计算说明书的内容概括如下：

1）封面。

2）目录。

3）设计任务书。

4）传动方案的分析。

5）电动机的选择。

6）计算传动装置的运动和动力参数。

7）传动件的设计与计算。

8）轴的设计与计算

9）滚动轴承的选择与计算

10）键联接的选择及校核计算。

11）联轴器的选择。

12）减速器附件的选择。

13）润滑与密封（润滑与密封方式的选择、润滑剂的选择）。

14）课程设计小结（本设计的优缺点、改进意见及课程设计的体会）。

15）参考资料。

7.2　编写设计计算说明书的要求

1）设计计算说明书要求计算正确，论述清楚，文字简练，书写工整。对计算内容只需写出计算公式，然后代入数据（运算过程可以简化），直接得出计算结果，并写上结论性用语，如“合格”、“安全”或“强度足够”等。

2）说明书采用统一格式的封面，装订成册。封面格式可参照图 7-1。

3）说明书中应包括有关的简图，如传动方案简图、轴的受力分析图、弯矩图等。

4）说明书所引用的重要公式和数据应有根据，并注明其来源。

5）说明书中每一自成单元的内容，应有大小标题，使其醒目，便于查阅。

设计计算说明书书写格式示例见表 7-1。

机械设计基础课程设计

计算说明书

设计题目：________________

装

________系（学院）　________班级

订

学　　号：

线

设 计 者：

指导教师：

完成日期：______年______月______日

（校名）

图 7-1　设计计算说明书封面

表 7-1　设计计算说明书书写格式示例

设计计算及说明	结　果
一、传动方案的分析 ……… 二、电动机的选择 1. 电动机类型的选择 根据电源及工作机的工作条件，选用卧式封闭型 Y（IP44）系列三相交流异步电动机。 2. 电动机功率的选择 1）工作机所需功率 P_w $P_w = \frac{Fv}{1000\eta_w} = \frac{2200 \times 1.1}{1000 \times 0.96}kW = 2.52kW$ 2）电动机输出功率 P_d $P_d = \frac{P_w}{\eta}$	 $P_w = 2.52kW$

（续）

设计计算及说明	结　果
由表2-3查得：V带传动效率 $\eta_1 = 0.96$；滚动轴承效率 $\eta_2 = 0.99$；圆柱齿轮传动效率 $\eta_3 = 0.97$；弹性联轴器效率 $\eta_4 = 0.99$；卷筒轴滑动轴承效率 $\eta_5 = 0.96$，则传动装置总效率为	
$\eta = \eta_1 \cdot \eta_2^2 \cdot \eta_3 \cdot \eta_4 \cdot \eta_5 = 0.96 \times 0.99^2 \times 0.97 \times 0.99 \times 0.96 \approx 0.87$	$\eta = 0.87$
则	
$P_d = \dfrac{P_w}{\eta} = \dfrac{2.52}{0.87}\text{kW} = 2.90\text{kW}$	$P_{ed} = 3\text{kW}$
按表16-1确定电动机额定功率为 $P_{ed} = 3\text{kW}$	
3. 电动机转速的选择	
………	
三、齿轮传动设计	
1）选择材料、精度及参数	
小齿轮：45钢，调质，217～255 HBW	
大齿轮：45钢，正火，169～217 HBW	
齿数　$z_1 = 25$，$z_2 = 100$	$z_1 = 25, z_2 = 100$
齿数比　$u = z_2/z_1 = 100/25 = 4$	$u = 4$
公差等级：选8级（GB/T 10095—2008）	8级精度
2）按齿面接触强度计算和确定齿轮尺寸	
……	
3）验算齿根弯曲强度	
……	
……	

7.3　课程设计总结

1. 课程设计总结的目的

课程设计总结主要是对设计工作进行分析、自我检验和评价，以帮助设计者进一步熟悉和掌握机械设计的一般方法，提高分析问题和解决实际问题的能力。

2. 课程设计总结的内容

设计总结应以设计任务书为主要依据，评估自己所设计的结果是否满足设计任务书中的要求，客观地分析自己所设计内容的优、缺点，具体内容如下：

1）分析总体设计方案的合理性。

2）分析零部件结构设计以及设计计算的正确性。

3）认真检查所设计的装配图，对装配图要着重检查分析轴系部件结构设计中是否存在错误或不合理之处。对零件图应着重分析尺寸及公差的标注是否适当。此外，还应检查箱体的结构设计、附件的选择和布置是否合理。

4）对计算部分，着重分析计算依据，所采用的公式及数据来源是否可靠，计算结果是否正确等。

5）认真总结通过课程设计，自己在哪些方面获得较为明显的提高。还可对自己的设计所具有的特点和不足进行分析和评价。

7.4　课程设计的答辩

1. 课程设计答辩的目的

答辩是课程设计的最后一个环节。通过答辩，使学生能更进一步发现设计计算和图样中存在的问题，搞清尚未弄懂的，不甚理解或未曾考虑到的问题。从而达到“知其然”也“知其所以然”，是一次知识与能力进一步提高的过程，从而取得更大的收获，圆满地达到课程设计的目的。

2. 答辩的准备工作

1）必须整理好设计计算说明书，装订成册。

2）全部设计图样须折叠整齐。

3）答辩前应认真复习答辩参考题。

7.5　答辩参考题

1）各级传动比分配要考虑哪些因素？

2）电动机的型号是如何确定的？

3）电动机的额定功率与输出功率有何不同？当已知工作机功率时，在传动装置的设计中应根据哪个功率进行计算？

4）简述各类机械传动传动比的大致范围。

5）设计V带（或链）传动时，要确定哪些主要参数？

6）V带的根数过多时应怎样调整？为什么要将其限制在10根以内？

7）对大带轮（或大链轮）的直径有何限制？为什么？

8）带传动的包角过小时，如何进行调整？

9）当带速过小或过大时，如何调整？

10）简述带传动的大致设计步骤。

11）在齿轮设计中，当齿面接触疲劳强度不满足要求时，可以采取什么措施？

12）在齿轮设计中，当齿根弯曲疲劳强度不满足要求时，可以采取什么措施？

13）选择齿轮材料应注意哪些问题？

14）简述齿轮传动的主要失效形式及设计准则。

15）齿轮的轴向固定有哪些方法？你采用什么方法？为什么？

16）简述计算齿轮强度时所用计算载荷的意义。

17）大、小齿轮的弯曲应力是否相等？如何进行校核？

18）齿宽系数的选择与哪些因素有关？为什么通常小齿轮的宽度要比大齿轮宽？

19）说明齿轮强度计算中的工况系数 K 的意义。工况系数 K 主要考虑哪些问题？

20）齿轮轮毂与轴联接的键的强度不满足要求时，如何处理？

21）斜齿轮及蜗杆、蜗轮的旋转方向与受力方向之间的关系如何？

22）试分析齿轮啮合时的受力方向。

23）可采用什么方法减小齿轮传动的中心距？

24）为何大、小齿轮的弯曲强度要分别校核？

25）在什么条件下采用齿轮轴？这对轴有何影响？

26）大、小齿轮的硬度为什么有差别？你设计的大、小齿轮齿面硬度是否相同？接触疲劳强度校核中用哪一个齿轮许用应力值？

27）传动装置中各轴间的功率、转速和转矩是什么关系？

28）轴的结构设计中，为何设计成阶梯轴？轴向尺寸应如何确定？

29）各轴段轴径差如何确定？

30）简述轴的设计步骤和方法。

31）轴上零件的轴向固定应考虑哪些问题？

32）轴的设计为何要初估轴径，而后再进行强度验算？

33）轴上在不同轴段上若有两个键槽时，在设计时应如何考虑？

34）在进行轴的设计时，如何使轴不产生轴向窜动，又不致因发热而卡死轴承。

35）轴的强度计算公式中，考虑了些什么问题？其大、小如何确定？

36）试分析轴向力的传递路线。

37）轴承如何拆装，在轴的设计中应如何考虑？

38）试比较轴承用稀油和油脂润滑的优、缺点。

39）轴承的密封方式有哪几种？你在设计中是如何选择的？

40）轴承为何留有轴向间隙？采取什么措施？如何进行调整？

41）轴承外圈与箱体、内圈与轴径的配合根据什么选择？

42）轴承盖的类型有哪些？试说明你设计中所选用轴承盖的依据。

43）试述角接触球轴承正装和反装布置的优、缺点。你选择的布置有何特点？

44）对角接触球轴承应如何考虑轴向力的方向？

45）根据什么条件选择轴承的类型？

46）轴承如何密封？

47）滚动轴承采用什么润滑剂？为什么？

48）根据什么选用减速器润滑油牌号和油面位置？

49）减速器地脚螺栓直径是如何确定的？

50）箱缘宽度是根据什么条件确定的？

51）减速器上起盖螺钉的作用是什么？

52）铸件在设计中应注意哪些问题？

53）减速器上吊环或吊耳的作用是什么？它们有何不同？

54）视孔的作用是什么？所开孔的大小和位置如何确定？

55）简述减速器各传动件布置方案应考虑的原则。带传动、链传动分别布置在高速级还是低速级，为什么？

56）为减少箱体加工面，在设计中应采取哪些措施？

57）减速器中心高、低速齿轮的布置应考虑哪些问题？

58）减速器齿轮的润滑采用何种方式？为什么？

59）通气器的作用是什么？应安装在箱体的何处？

60）减速器的放油孔及油塞应布置在什么位置？起什么作用？
61）在确定油面指示装置位置时，应考虑哪些问题？有何作用？
62）为什么要确定箱体的最小壁厚？
63）减速器上、下箱体联接处的定位销起什么作用？一般有几个？放在什么位置好？
64）箱体联接螺栓的位置和个数是根据什么确定的？
65）轴承旁联接螺栓起何作用？其位置及凸台高度是如何确定的？
66）联轴器应如何选用？
67）简述螺栓联接的防松方法。在你的设计中采用什么方法防松？
68）验算键的强度时，主要考虑什么强度？
69）键的结构尺寸应如何确定？键起何作用？键在轴上的安装位置如何确定？
70）装配图中应标注哪些尺寸？
71）装配图上应说明哪些技术特性或技术要求？
72）零件图中应标注哪些尺寸？

第 2 篇　课程设计题目及参考图例

第 8 章　机械设计基础课程设计题目

为了方便教学，本书给出了一些课程设计任务书及课程设计题目，可供选用。

《机械设计基础》课程设计任务书之一

1. 设计题目：设计输送机传动装置的一级圆柱齿轮减速器及带传动。
2. 传动简图（见图 8-1）

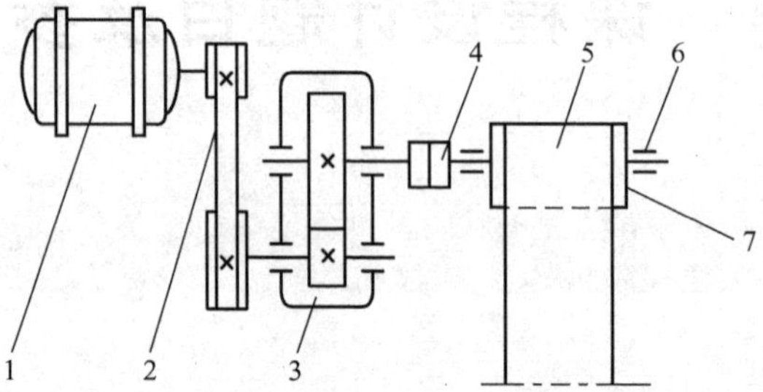

图 8-1　一级圆柱齿轮减速器传动

1—电动机　2—V 带传动　3—一级圆柱齿轮减速器　4—联轴器　5—输送带　6—滑动轴承　7—滚筒

3. 原始数据（见表 8-1）

表 8-1　一级圆柱齿轮减速器原始数据

数据 \ 设计题号	1	2	3	4	5	6	7	8	9	10
滚筒圆周力/N	2000	2100	2200	2300	2400	2500	2600	2700	2800	2900
输送带速/$m \cdot s^{-1}$	1	1.1	1.2	1.3	1.4	1.5	1.4	1.3	1.3	1.3
滚筒直径/mm	250	260	270	280	290	300	310	320	330	340
传动比误差（%）	±4	±5	±5	±5	±5	±5	±4	±5	±4	±5
使用期限/年	8	8	9	8	9	9	8	9	8	9

注：1. 按指导教师标有“✓”符号的题号进行设计。
2. 单向运转，有轻微振动。
3. 每年按 300 个工作日计算，每日工作两班。

4. 设计工作量

1）减速器总装配图一张（A0 或 A1）。

2）零件图两张（A3）。

3）设计计算说明书一份。

完成日期：________年________月________日

设计指导教师：________ ________年________月________日
任课教师：________ ________年________月________日
评分与评语：____________________

《机械设计基础》课程设计任务书之二

1. 设计题目：设计输送机传动装置的二级圆柱齿轮减速器及带传动。
2. 传动简图（见图8-2）

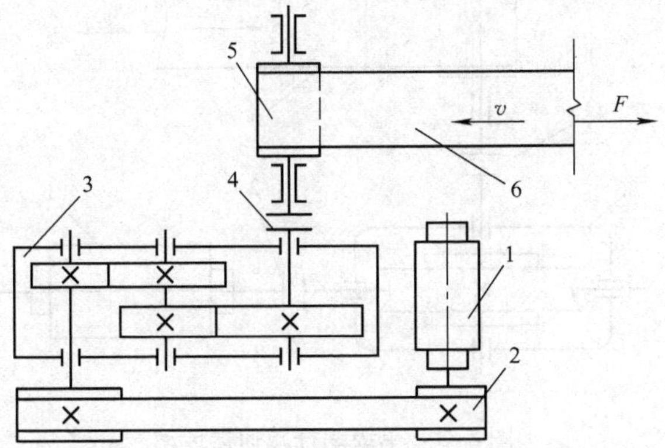

图8-2　二级圆柱齿轮减速器及带传动

1—电动机　2—V带传动　3—二级圆柱齿轮减速器　4—联轴器　5—滚筒　6—输送带

3. 原始数据：（见表8-2）

表8-2　二级圆柱齿轮减速器原始数据

数据 \ 设计题号	1	2	3	4	5	6	7	8	9	10
滚筒圆周力/N	1600	1700	1800	1900	2000	2100	2200	2300	2400	2500
输送带速/m·s^{-1}	1.2	1.3	1.4	1.1	1.2	1.3	1.4	1.1	1.2	1.3
滚筒直径/mm	250	260	270	280	290	300	310	320	330	340
传动比误差（%）	±4	±5	±5	±5	±5	±5	±4	±5	±4	±5
使用期限/年	8	8	9	8	9	9	8	9	8	9

注：1. 按指导教师标有“✓”符号的题号进行设计。
2. 单向运转，有轻微振动。
3. 每年按300个工作日计算，每日工作两班。

4. 设计工作量
1）减速器总装配图一张（A0或A1）。
2）零件图两张（A3）。
3）设计计算说明书一份。

完成日期：________年________月________日
设计指导教师：________ ________年________月________日
任课教师：________ ________年________月________日

评分与评语____________________

《机械设计基础》课程设计任务书之三

1. 设计题目：设计零件去毛刺滚筒传动装置的单级蜗杆减速器。
2. 传动简图（见图 8-3）

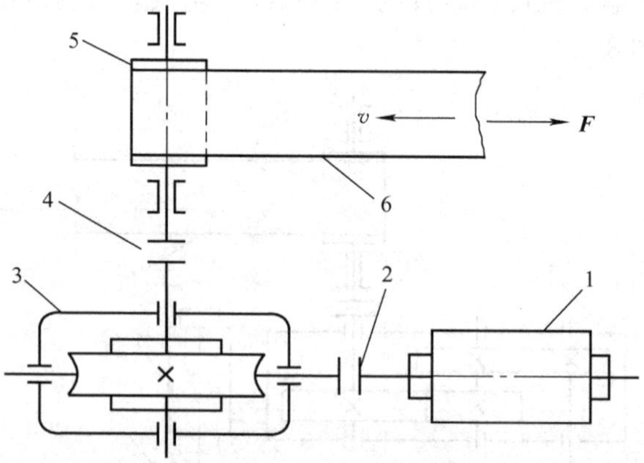

图 8-3　单级蜗杆减速器传动

1—电动机　2、4—联轴器　3—蜗杆减速器　5—卷筒　6—输送带

3. 原始数据：(见表 8-3)

表 8-3　单级蜗杆减速器原始数据

设计题号 数据	1	2	3	4	5	6	7	8	9	10
输出轴功率/kW	2	2.2	2.4	2.5	2.6	2.8	3	3.2	3.4	3.5
输出轴转速/$r\cdot min^{-1}$	1.2	1.3	1.4	1.1	1.2	1.3	1.4	1.1	1.2	1.3
传动比误差（%）	±3	±4	±5	±3	±4	±5	±3	±4	±5	±3
使用期限/年	5	6	5	6	6	5	6	5	6	5

注：1. 按指导教师标有“✓”符号的题号进行设计。
2. 工作机有轻微振动。
3. 每年按 300 个工作日计算，每日工作两班。

4. 设计工作量
1）减速器总装配图一张（A0 或 A1）。
2）零件图两张（A3）。
3）设计计算说明书一份。

完成日期：________年________月________日
设计指导教师：________ ________年________月________日
任课教师：________ ________年________月________日
评分与评语：____________________

《机械设计基础》课程设计任务书之四

1. 设计题目：设计链式输送机传动装置的一级锥齿轮减速器。

2. 传动简图（见图 8-4）

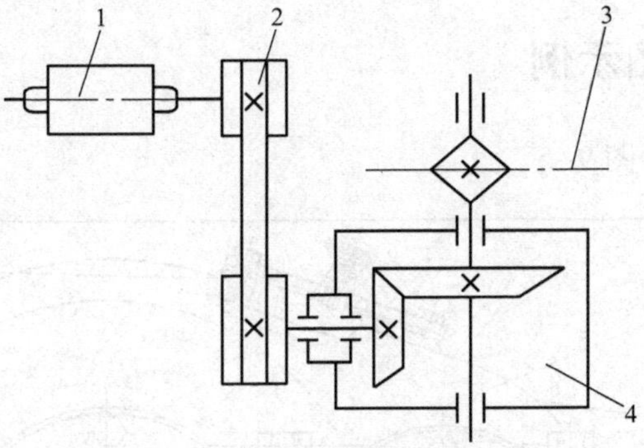

图 8-4　一级锥齿轮减速器

1—电动机　2—V 带传动　3—链式输送机　4—一级锥齿轮减速器

3. 原始数据（见表 8-4）

表 8-4　一级锥齿轮减速器

设计题号 / 数据	1	2	3	4	5	6	7	8	9	10
输出轴功率/kW	3	3. 1	3. 2	3. 3	3. 4	3. 5	3. 6	3. 7	3. 8	3. 9
输出轴转速/r · min^{-1}	100	105	110	115	120	125	130	135	140	145
传动比误差（%）	±6	±7	±8	±6	±7	±8	±6	±7	±8	±6
使用期限/年	5	6	5	6	6	5	6	5	6	5

注：1. 按指导教师标有“✓”符号的题号进行设计。
2. 单向运转，工作机有轻微振动。
3. 每年按 300 个工作日计算，每日工作两班。

4. 设计工作量

1）减速器总装配图一张（A0 或 A1）。

2）零件图两张（A3）。

3）设计计算说明书一份。

完成日期：________年________月________日

设计指导教师：________ ________年________月________日

任课教师：________ ________年________月________日

评分与评语：____________________

第 9 章　机械设计基础课程设计参考图例

9.1　减速器装配图示例

具体示例见图 9-1 ~ 图 9-5。

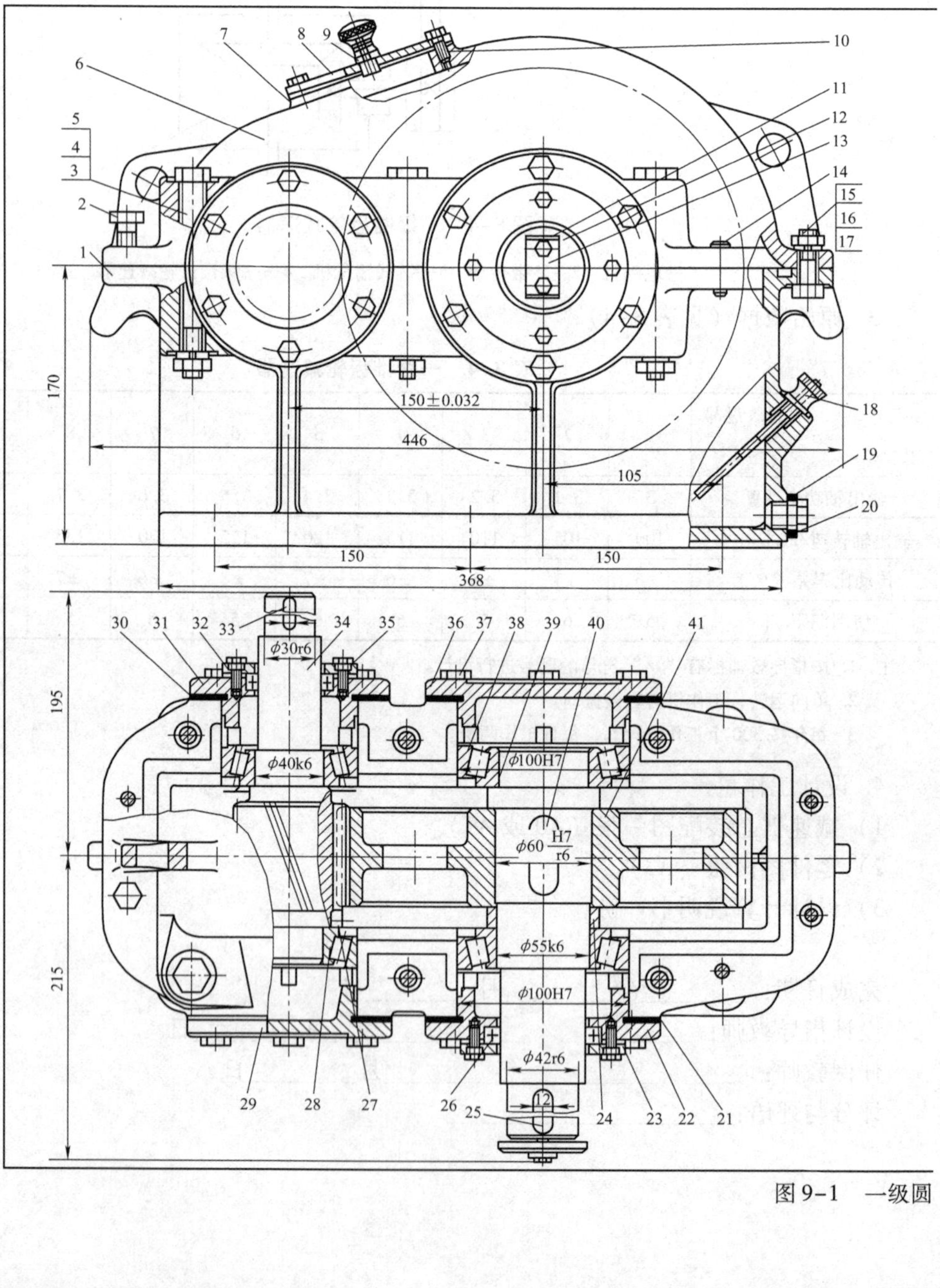

图 9-1　一级圆

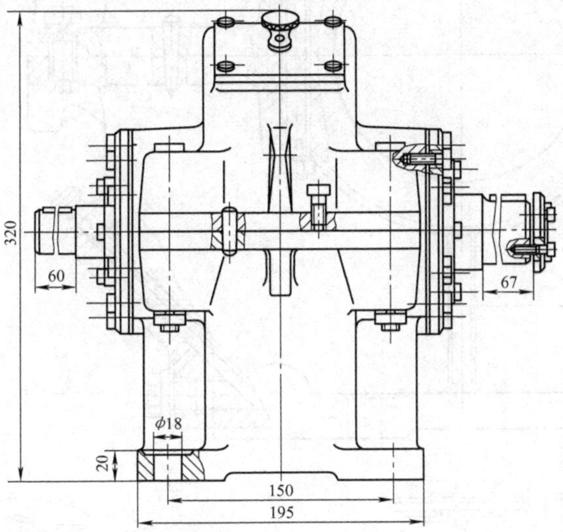

技术条件

1. 装配前，全部零件用煤油清洗，箱体内不许有杂物存在。在内壁涂两次不被机油侵蚀的涂料。
2. 用铅丝检验啮合侧隙。其侧隙不小于 0.16，铅丝不得大于最小侧隙的 4 倍。
3. 用涂色法检验斑点。齿高接触斑点不小于 40%；齿长接触斑点不小于 50%。必要时可采用研磨或刮后研磨，以便改善接触情况。
4. 调整轴承时所留轴向间隙如下：$\phi40$ 为 0.05 ～ 0.1mm；$\phi55$ 为 0.08 ～ 0.15mm。
5. 装配时，部分面不允许使用任何填料，可涂以密封油漆或水玻璃。试转时应检查剖分面、各接触面及密封处，均不准漏油。
6. 箱座内装 SH0357—92 中的 50 号工业齿轮油至规定高度。
7. 表面涂灰色油漆。

技术参数表

功率	4.5kW	高速轴转速	480r/min	传动比	4.16

序号	名称	数量	材料	标准	备注
41	大齿轮	1	45		
40	键 18×50	1	Q275A	GB/T 1096—2003	
39	轴	1	45		
38	轴承 30311E	2		GB/T 297—1994	
37	螺栓 M8×25	24	Q235A	GB/T 5780—2000	
36	轴承端盖	1	HT200		
35	J 型油封 35×60×12	1	耐油橡胶	HG 4-338—66	
34	齿轮轴	1	45		
33	键 8×50	1	Q275A	GB/T 1096—2003	
32	密封盖板	1	Q235A		
31	轴承端盖	1	HT200		
30	调整垫片	2	成组		
29	轴承端盖	1	HT200		
28	轴承 30308E	2		GB/T 297—1994	
27	挡油环	2	Q215A		
26	J 型油封 50×72×12	1	耐油橡胶	HG 4-338—66	
25	键 12×56	1	Q275A	GB/T 1096—2003	
24	定距环	1	Q235A		
23	密封盖板	1	Q235A		
22	轴承端盖	1	HT200		
21	调整垫片	2 组	08F		
20	油圈 25×18	1	工业用革		

序号	名称	数量	材料	标准	备注
19	六角螺塞 M18×1.5	1	Q235A	JB/ZQ 4450—2006	
18	油标	1	Q235A		
17	垫圈 10	2	65Mn	GB/T 93—1987	
16	螺母 M10	2	Q235A	GB/T 41—2000	
15	螺栓 M10×35	4	Q235A	GB/T 5780—2000	
14	销 A8×30	2	35	GB/T 117—2000	
13	防松垫片	1	Q215A		
12	轴端挡圈	1	Q235A		
11	螺栓 M6×25	2	Q235A	GB/T 5780—2000	
10	螺栓 M6×20	4	Q235A	GB/T 5780—2000	
9	通气器	1	Q235A		
8	窥视孔盖	1	Q215A		
7	垫片	1	石棉橡胶纸		
6	箱盖	1	HT200		
5	垫圈 12	6	65Mn	GB/T 93—1987	
4	螺母 M12	6	Q235A	GB/T 41—2000	
3	螺栓 M12×100	6	Q235A	GB/T 5780—2000	
2	起盖螺栓 M10×30	1	Q235A	GB/T 5780—2000	
1	箱座	1	HT200		

（标题栏）

柱齿轮减速器

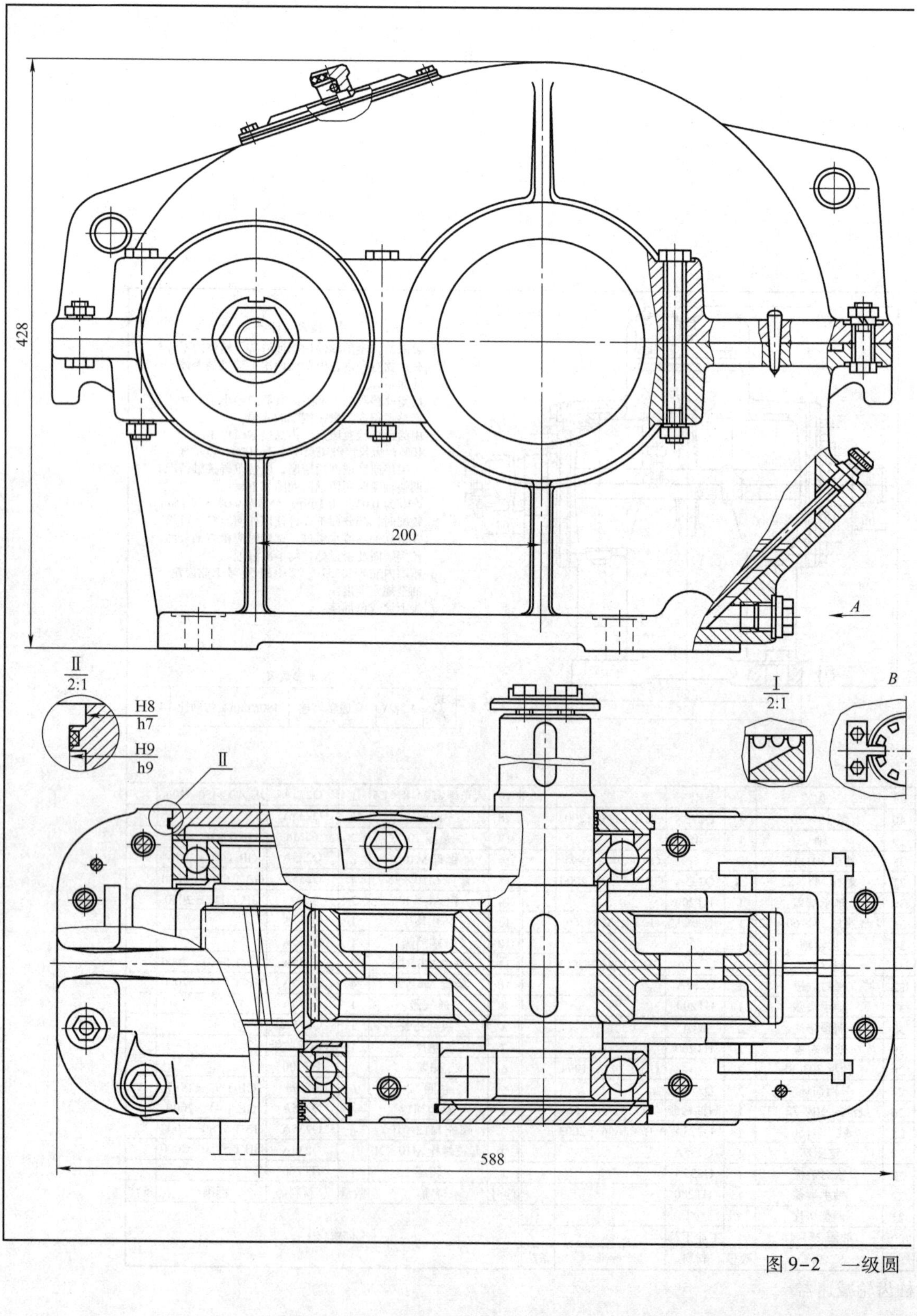

图 9-2　一级圆

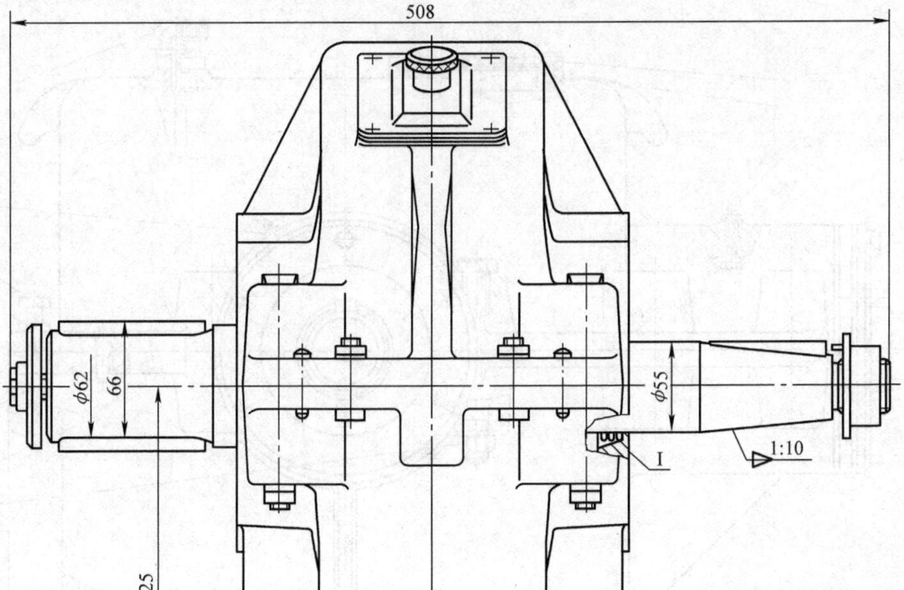

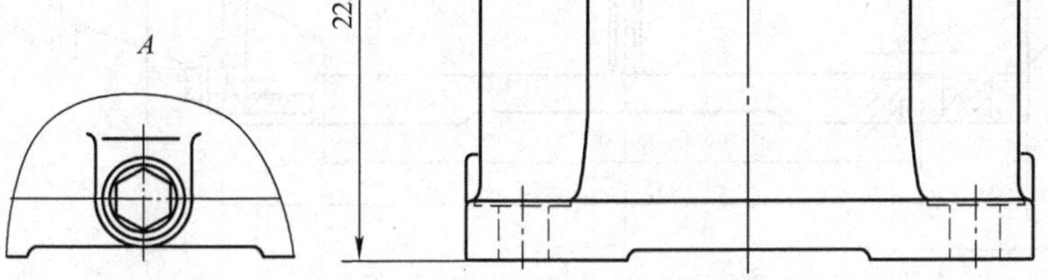

注：本图为一级圆柱斜齿轮减速器的结构图。轴承是依靠齿轮搅动油池的油来润滑，这种方法只有在速度高时才能实现。当速度不高时，宜在结构上引导润滑油进入轴承。图中采用嵌入式轴承端盖，结构简单，不用螺钉而减轻了重量，缩短了轴承座尺寸。这种机构密封性差，所以在端盖凸缘处装有O形橡胶圈。

轴承调整不方便，只用于不可调轴承。当用可调的轴承时，应有调整机构，如方案(I)所示。露出轴与端盖之间用油沟式密封，并制有回油槽。

轴承部件结构方案

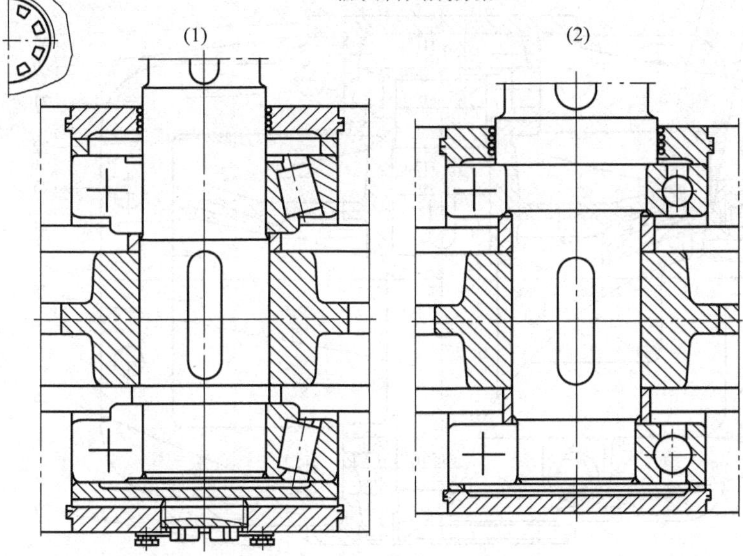

(标题栏)

柱齿轮减速器

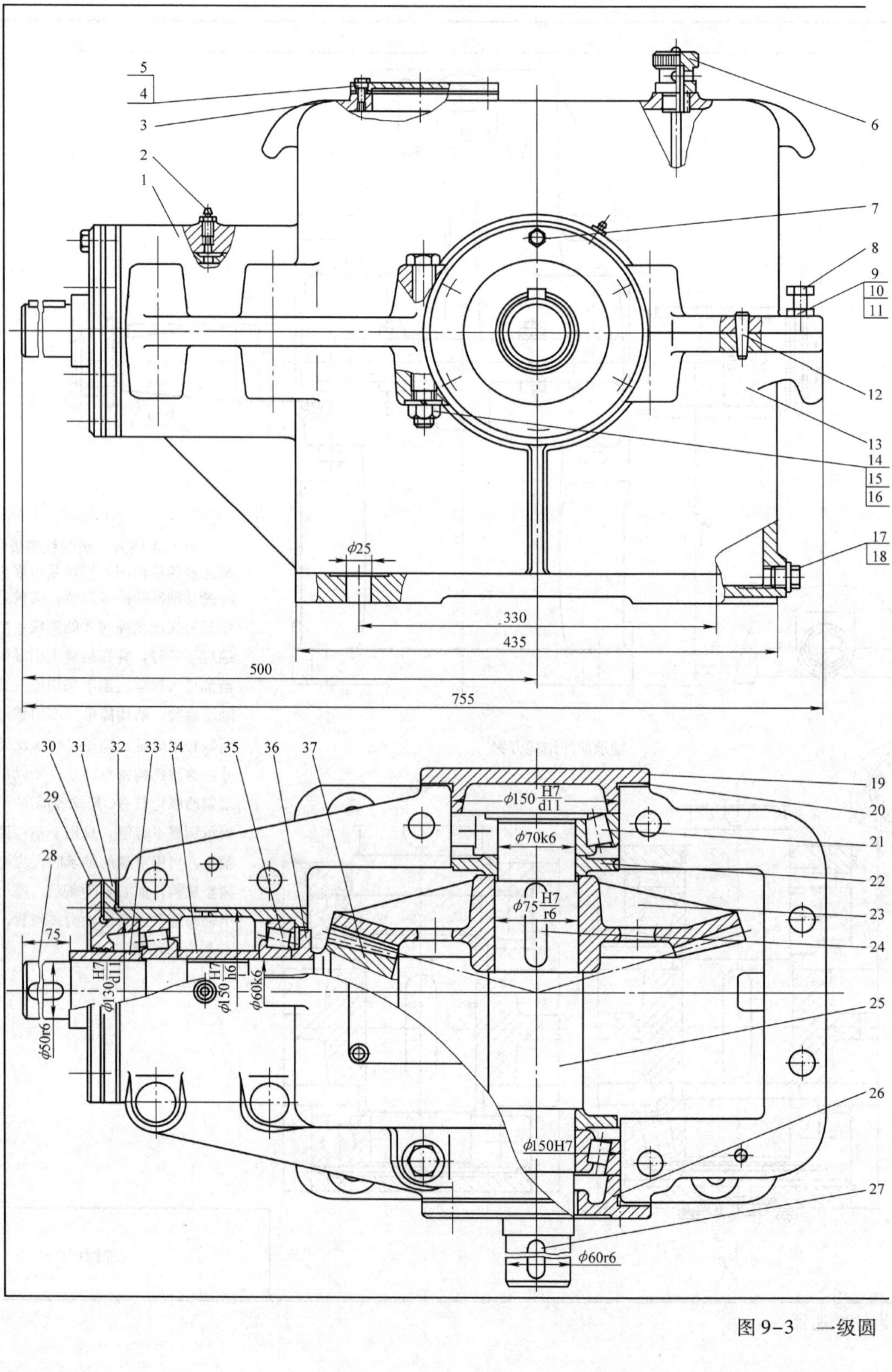
1
2
3
4
5
6
7
8
9
10
11
12
13
14
15
16
17
18
φ25
330
435
500
755
19
20
21
22
23
24
25
26
27
28
29
30
31
32
33
34
35
36
37
φ150 H7/d11
φ70k6
φ75 H7/r6
75
φ130 H7/d11
φ150 H7/h6
φ60k6
φ50r6
φ150H7
φ60r6

图 9-3　一级圆

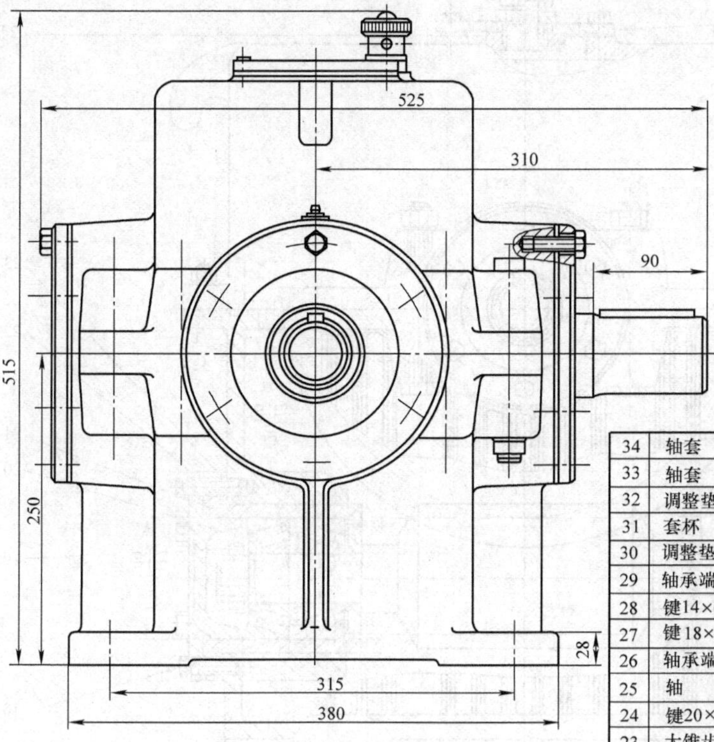

技术要求

1.装配前所有零件进行清洗，箱体内涂耐油油漆。
2.啮合侧隙用铅丝检验，保证侧隙不小于0.17,所用铅丝直径不得大于最小侧隙两倍。
3.用涂色法检验斑点，在齿高和齿长方向接触斑点不小于50%。
4.轴承轴向间隙为0.05mm。
5.减速器部分面及密封处均不许漏油,部分面可涂水玻璃或密封胶。
6.润滑用45号机油。
7.减速器表面涂灰色油漆。

序号	名称	数量	材料	标准	备注
34	轴套	1	Q235A		
33	轴套	1	Q235A		
32	调整垫片	1组	08F		
31	套杯	1	HT150		
30	调整垫片	1组	08F		
29	轴承端盖	1	HT150		
28	键14×63	1	45	G/T 1096-2003	
27	键18×80	1	45	GB/T1096-2003	
26	轴承端盖	1	HT150		
25	轴	1	45		
24	键20×80	1	45	GB/T 1096-2003	
23	大锥齿轮	1	45		
22	挡油环	2	Q235-A		
21	轴承7314E	2		GB/T 297-1994	
20	调整垫片	2组	08F		
19	轴承端盖	1	HT150		
18	油圈25×18	1	工业用革		
17	六角螺塞M18×1.5	1	Q235A	JB/ZQ4450-2006	
16	螺母M16	8	Q235A	GB/T6170-2000	
15	垫圈16	8	65Mn	GB/T 93-1987	
14	螺栓M18×130	8	Q235A	GB/T 5780-2000	
13	箱座	1	HT150		
12	销B8×40	2	35		
11	螺母M12	2	Q235A	GB/T6170-2000	
10	垫圈12	2	65Mn	GB/T 93-1987	
9	螺栓M12×45	2	Q235A	GB/T 5780-2000	
8	起盖螺钉M12×25	1	Q235A	GB/T 5780-2000	
7	螺栓M10×25	18	Q235A	GB/T 5780-2000	
6	油标	1	组件		
5	垫片	1	石棉橡胶纸		
4	检查孔盖	1	HT150		
3	螺栓M16×20	4	Q235A	GB/T 5780-2000	
2	油杯M10×1	2		JB/T 7940.1-1995	
1	箱盖	1	HT150		

序号	名称	数量	材料	标准	备注
37	小锥齿轮	1	45		
36	挡油环	1	Q235A		
35	轴承7312E	2		GB/T 297-1994	

(标题栏)

锥齿轮减速器

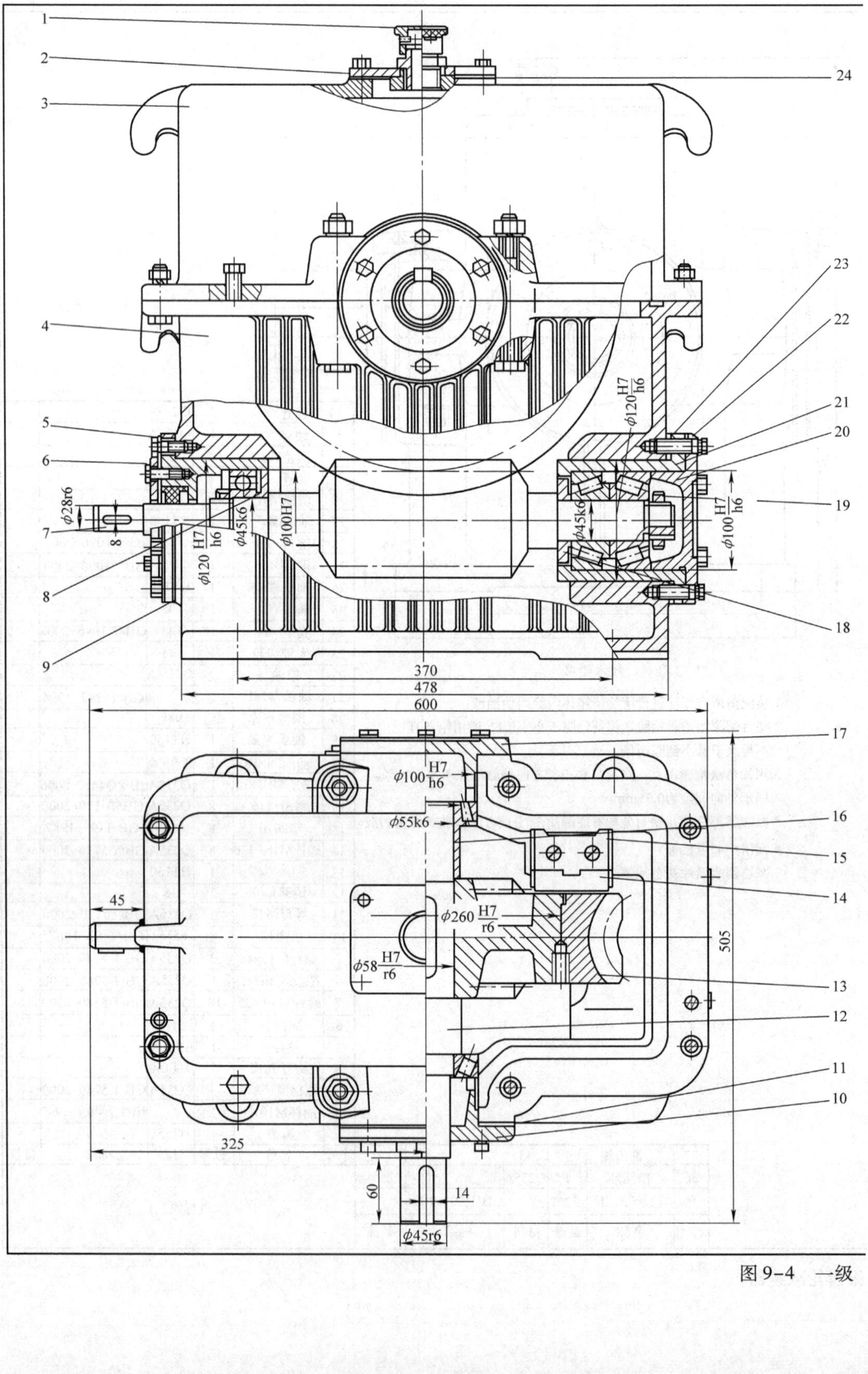
1
2
3
4
5
6
7
8
9
10
11
12
13
14
15
16
17
18
19
20
21
22
23
24
φ28r6
8
φ120 H7/h6
φ45k6
φ100H7
φ120 H7/h6
φ45k6
φ100 H7/h6
370
478
600
φ100 H7/h6
φ55k6
φ260 H7/r6
φ58 H7/r6
45
505
325
60
14
φ45r6

图 9-4　一级

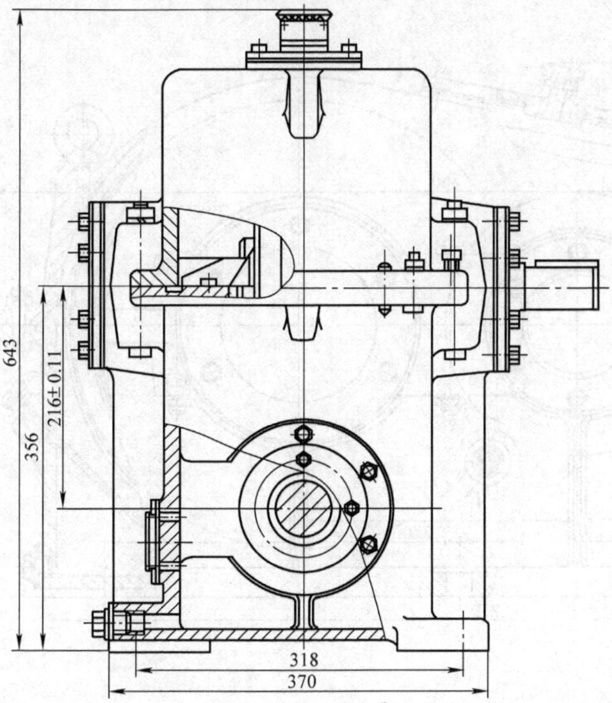

输入功率	P_1	4kW
主动轴转速	n_1	1500r/min
传动功率	η	82%
传动比	i	28

技术要求

1.装配前所有零件均用煤油清洗，滚动轴承用汽油清洗。

2.各配合处、密封处、螺钉连接处用润滑脂润滑。

3.保证啮齿侧隙不小于0.19mm。

4.接触斑点按齿高不得小于50%,按齿长不得小于 50%。

5.蜗杆轴承的轴向间隙为0.04～0.07mm，蜗轮轴承的轴向间隙为0.05~0.1。

6.箱内装SH/T0094－91蜗轮蜗杆油680号至规定高度。

7.未加工外表面涂灰色油漆，内表面涂红色耐油漆。

24	垫片	1	石棉橡胶纸		10	轴承端盖	1	HT150	
23	调整垫片	1组	08F		9	密封垫片	1	08F	
22	调整垫片	1组	08F		8	挡油环	1	Q235A	
21	套杯	3	HT150		7	蜗杆轴	1	45	
20	轴承端盖	1	HT150		6	压板	1	Q235A	
19	挡圈	1	Q235A		5	套环端盖	1	HT150	
18	挡油环	1	Q235A		4	箱座	1	HT200	
17	轴承端盖	1	HT150		3	箱盖	1	HT200	
16	套筒	1	Q235A		2	窥视孔盖	1	Q235A	组件
15	油盘	1	Q235A		1	通气器	1		组件
14	刮油板	1	Q235A		序号	名 称	数量	材 料	备 注
13	蜗轮	1		组件	(标题栏)				
12	轴	1	45						
11	调整垫片	2组	08F						

蜗杆减速器

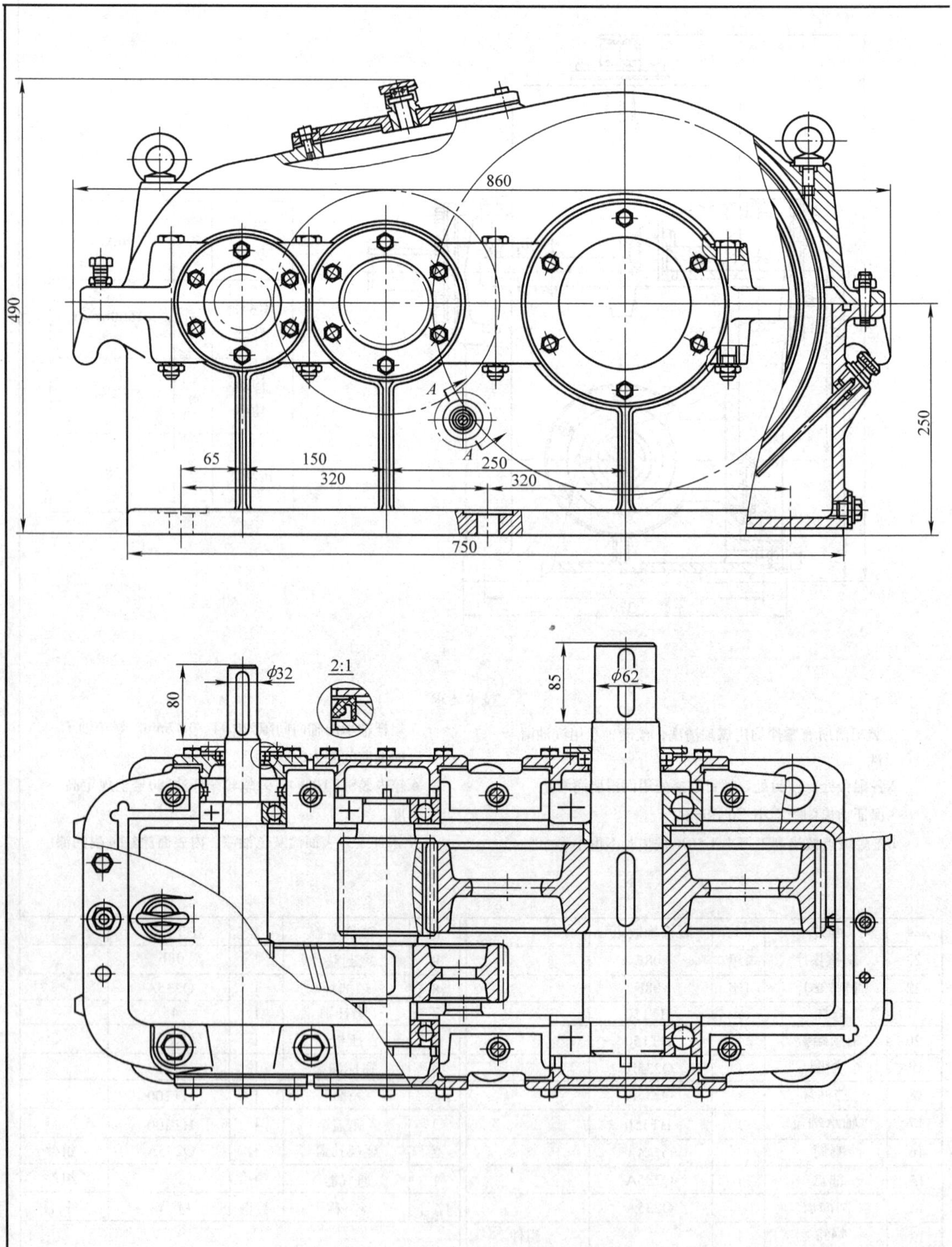

图 9-5　二级圆

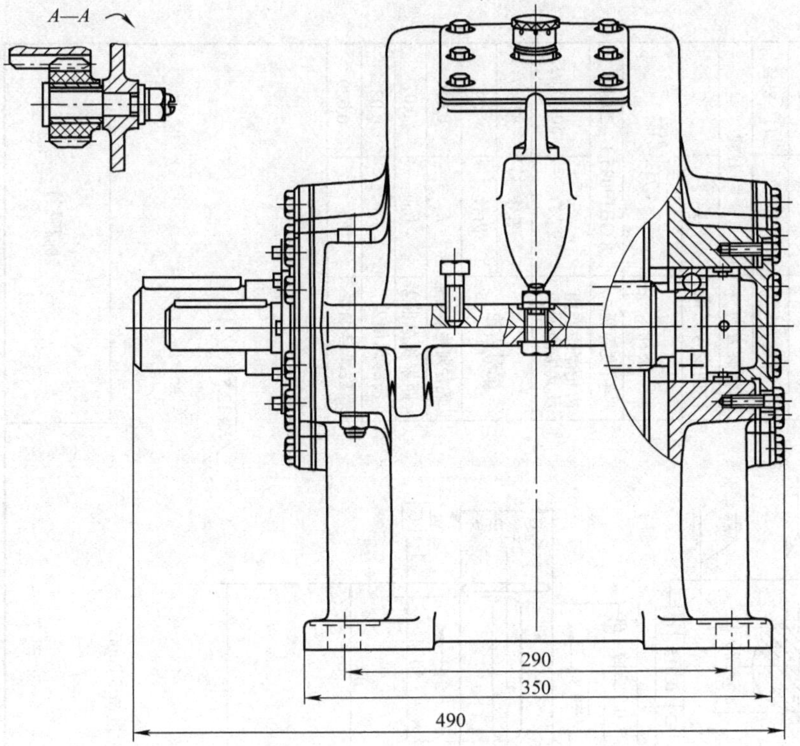

(标题栏)

柱齿轮减速器

9.2　零件图示例（见图9-6~9-14）

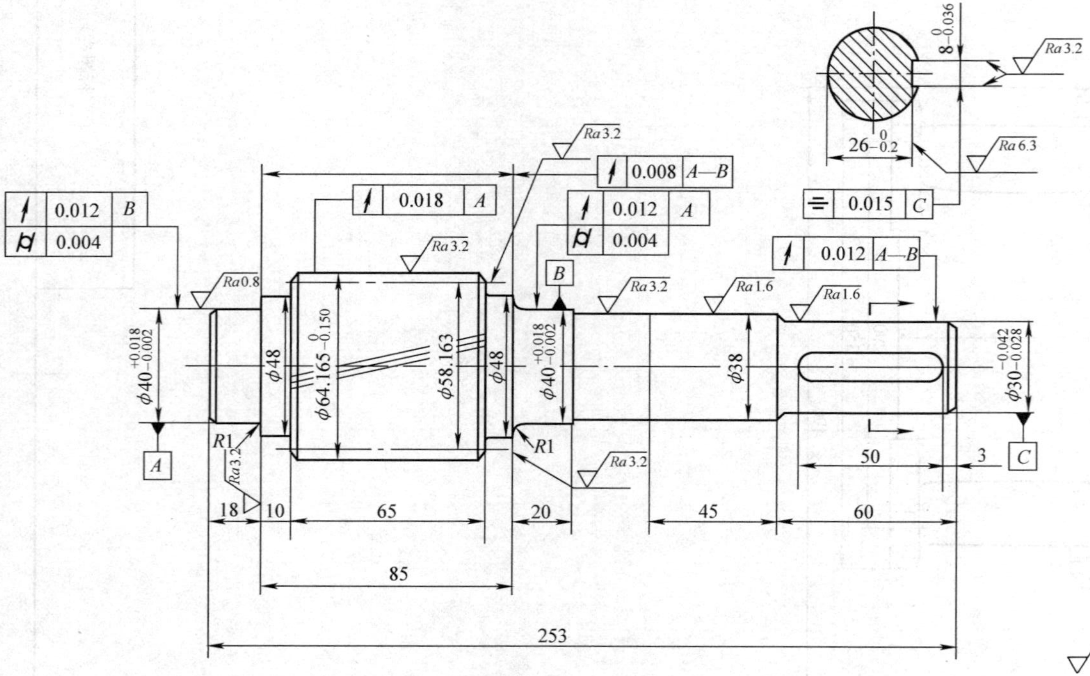

法向模数	m_n	3
齿数	z	19
压力角	α	20°
齿顶高系数	h_a^*	1
螺旋角	β	11°28′42″
螺旋方向	右旋	
径向变位系数	x	0
齿厚	$4.712_{-0.140}^{-0.084}$	
精度等级	8 GB10095.1—2008	
齿轮副中心距及其极限偏差	$a \pm f_a$	150±0.032
配对齿轮	图号	图9-7
	齿数	79
齿轮径向跳动公差	F_r	0.056
齿距累积总偏差	F_p	0.07
齿廓总偏差	F_α	0.025
螺旋线总偏差	F_β	0.029

$\sqrt{Ra\,12.5}$ ($\surd$)

技术要求

1.调质处理表面硬度220～250HBW。
2.两端中心孔B3.15/10 GB/T 145—2001,表面粗糙度Ra3.2μm。
3.其余圆角半径R2。
4.全部倒角C1.5。
5.未注尺寸公差按GB/T 1804—2000。

（标题栏）

图9-6　齿轮轴零件图

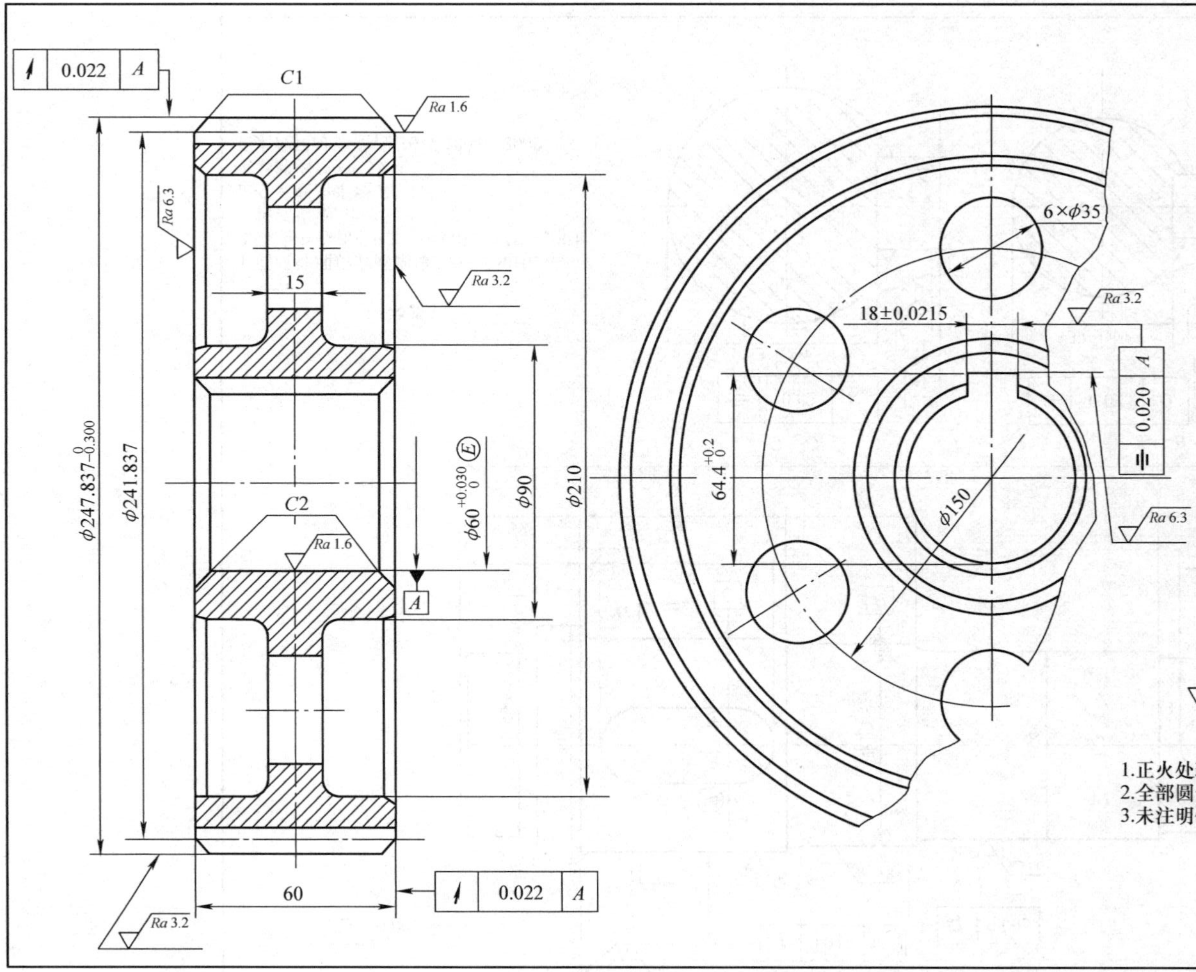

法向模数	m_n	3
齿数	z	79
压力角	α	20°
齿顶高系数	h_a^*	1
螺旋角	β	11°28′42″
螺旋方向	右旋	
径向变位系数	x	0
齿厚	$4.712_{-0.140}^{-0.084}$	
精度等级	8 GB10095.1—2008	
齿轮副中心距及其极限偏差	$a \pm f_a$	150±0.032
配对齿轮	图号	图9-6
	齿数	19
齿轮径向跳动公差	F_r	0.056
齿距累积总偏差	F_p	0.07
齿廓总偏差	F_α	0.025
螺旋线总偏差	F_β	0.029

Ra 12.5 (√)

技术要求

1.正火处理后齿面硬度170～210HBW。
2.全部圆角半径 $R3$。
3.未注明倒角$C1.5$。

(标题栏)

图9-7　斜齿圆柱齿轮零件图

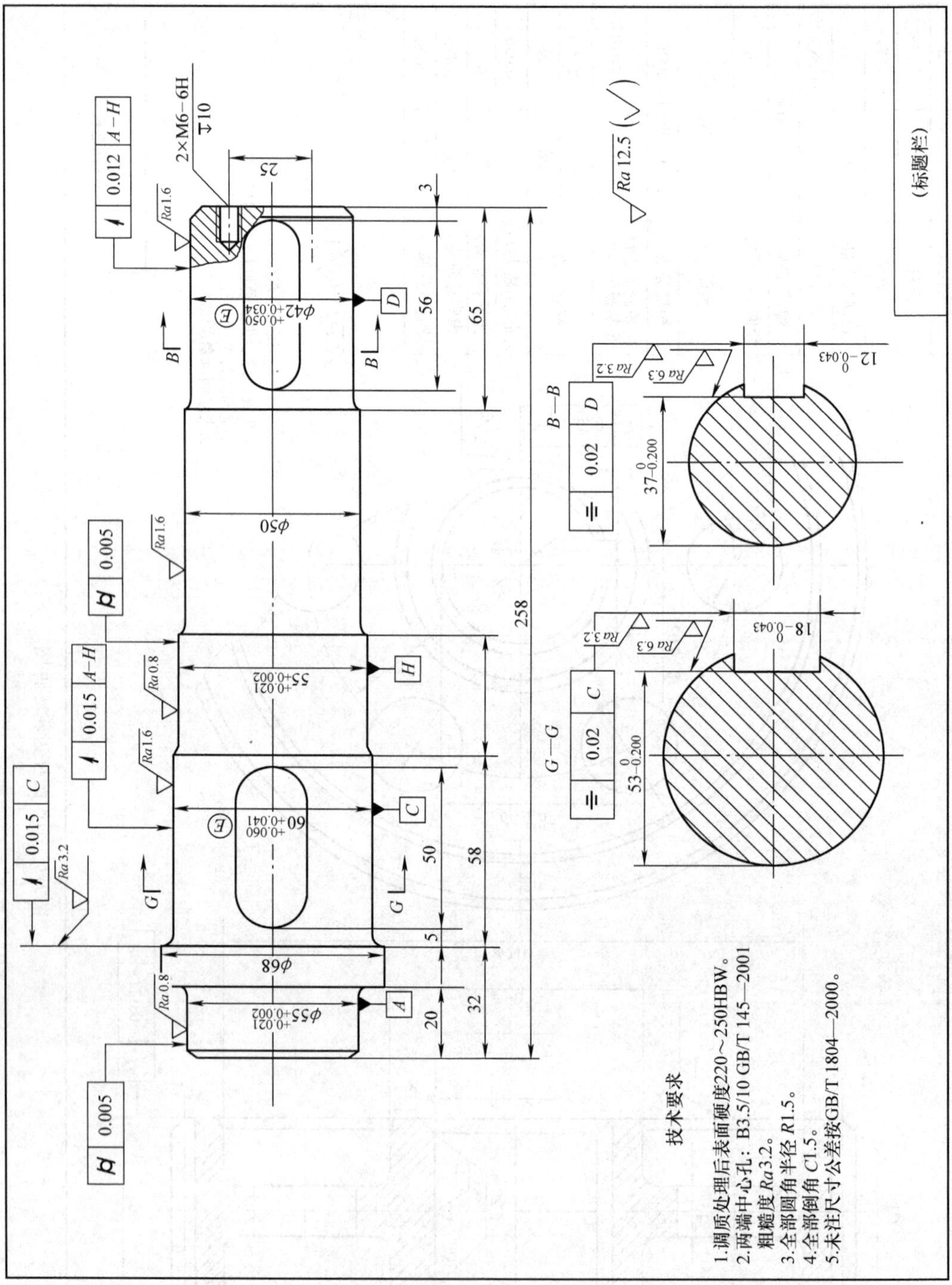
技术要求
1.调质处理后表面硬度220～250HBW。
2.两端中心孔：B3.5/10 GB/T 145—2001
粗糙度Ra3.2。
3.全部圆角半径R1.5。
4.全部倒角C1.5。
5.未注尺寸公差按GB/T 1804—2000。
(标题栏)
Ra 12.5
B—B
G—G
2×M6−6H
258

图9-8　轴零件图

蜗杆型式		阿基米德
轴向模数	m_x	5
头　数	z_1	2
压力角	a	20°
螺旋线方向		右
导程角	γ	11°18′36″
精度等级		8cGB10089—1988
配偶蜗轮 件号		
配偶蜗轮 齿数	z_2	38
轴向齿距极限偏差	f_{px}	±0.020
轴向齿距累积分差	f_{px1}	0.034
蜗杆齿形公差	f_{f1}	0.032

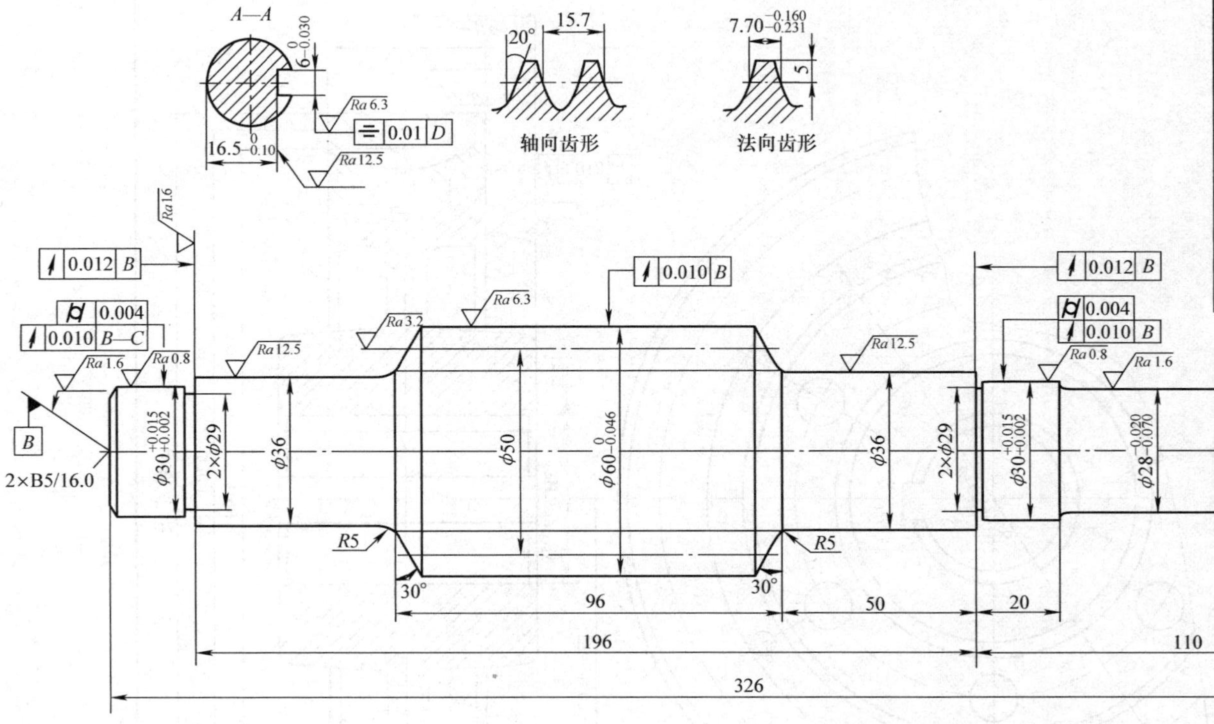

$\sqrt{Ra\,25}$ (√)

技术要求

1.表面淬火处理45～55HRC。

2.未注圆角半径R=1.5,倒角C1.5。

(标题栏)

图9-9　蜗杆零件图

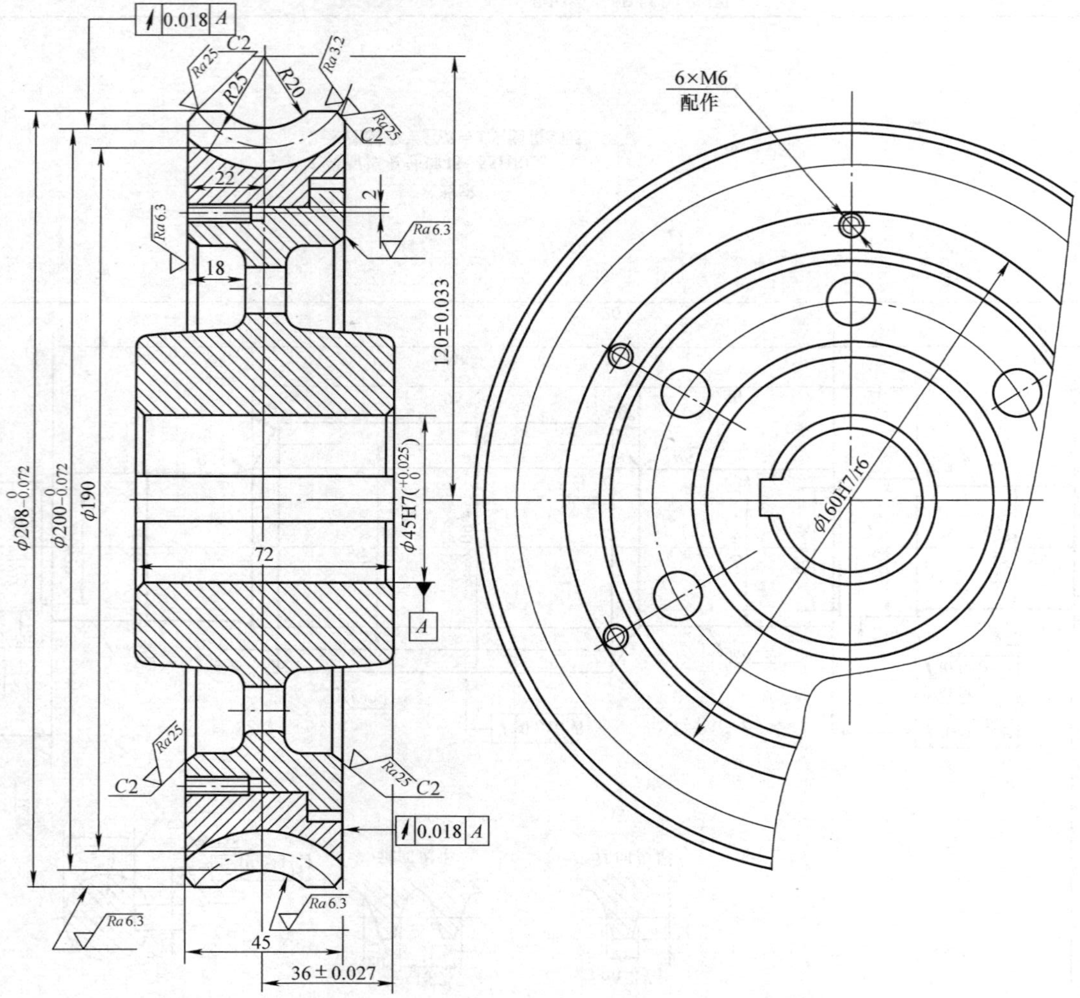

端面模数		m_1	5
齿数		z_2	38
压力角		α	20°
精度等级		8c GB 10089—1988	
配偶蜗杆	蜗杆型式	阿基米德	
	头数	z_1	2
	螺线方向	右	
	导程角	γ	11°18′86″
	件号		
周节累积公差		F_p	0.090
齿圈径向跳动		F_r	0.071
周节极限偏差		f_{pt}	±0.0283
齿形公差		f_{f2}	0.022
轴交角极限偏差		$f_{\Sigma o}$	±0.014
蜗轮齿厚偏差		$7.85^{0}_{-0.140}$	

技术要求

轮缘与轮芯装配后切齿。

(标题栏)

图9-10 蜗轮零件图

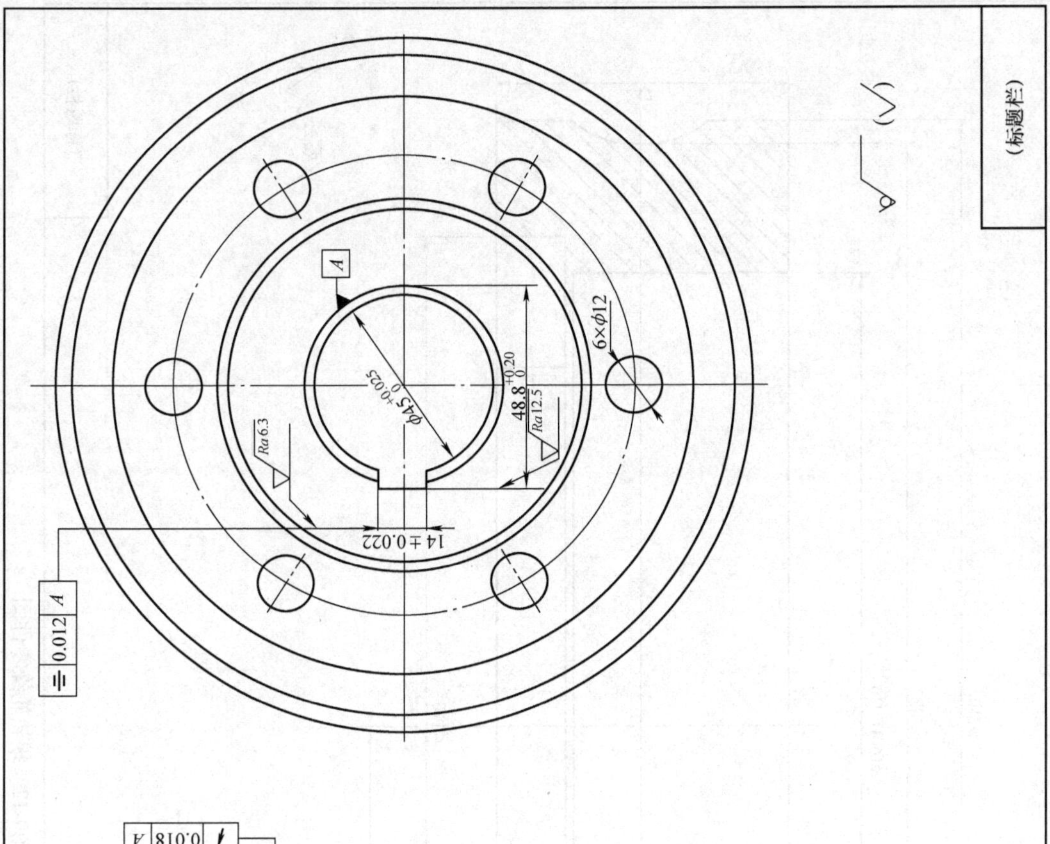

图9-11　蜗轮轮芯零件图

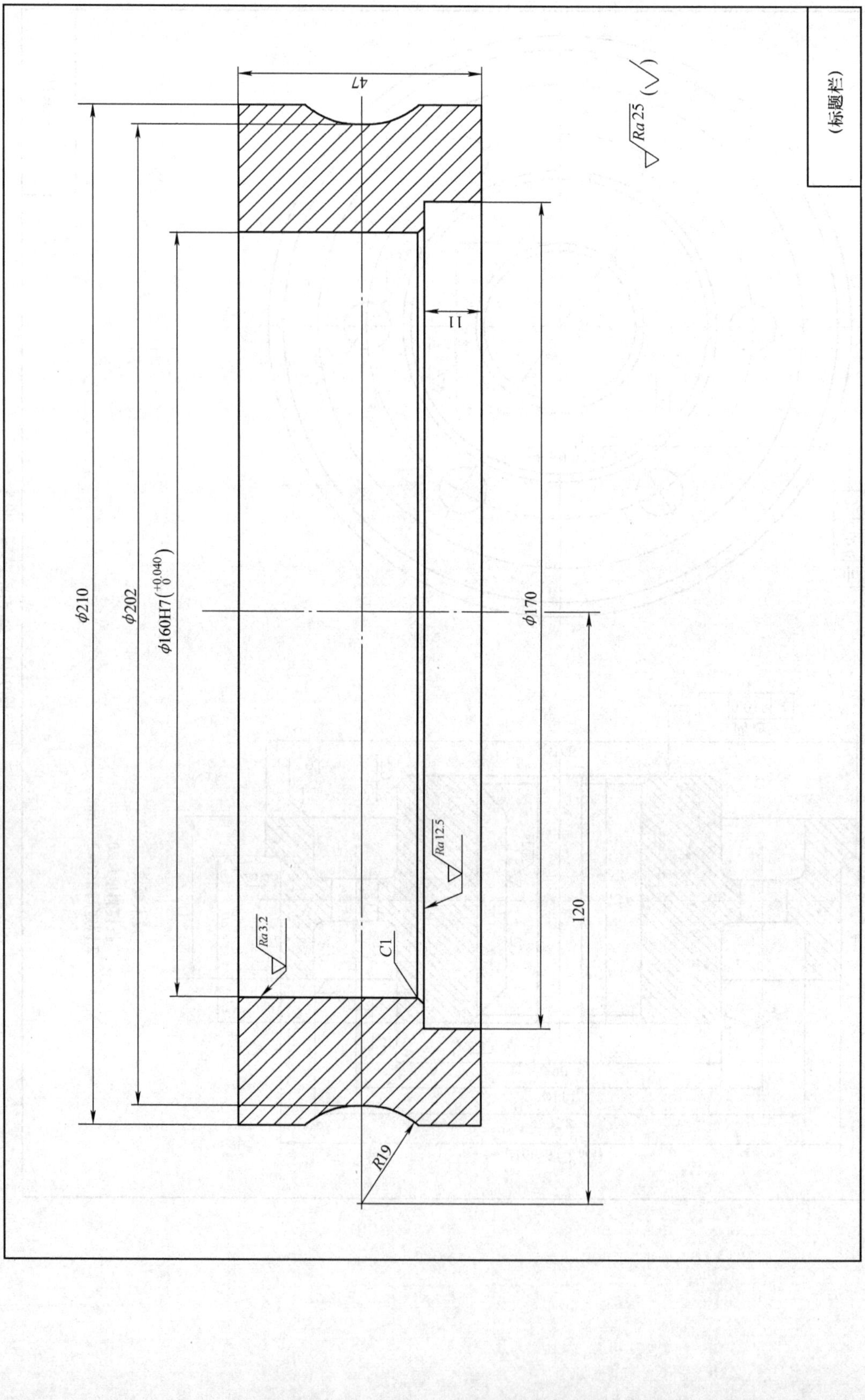

图9-12　蜗轮轮缘零件图

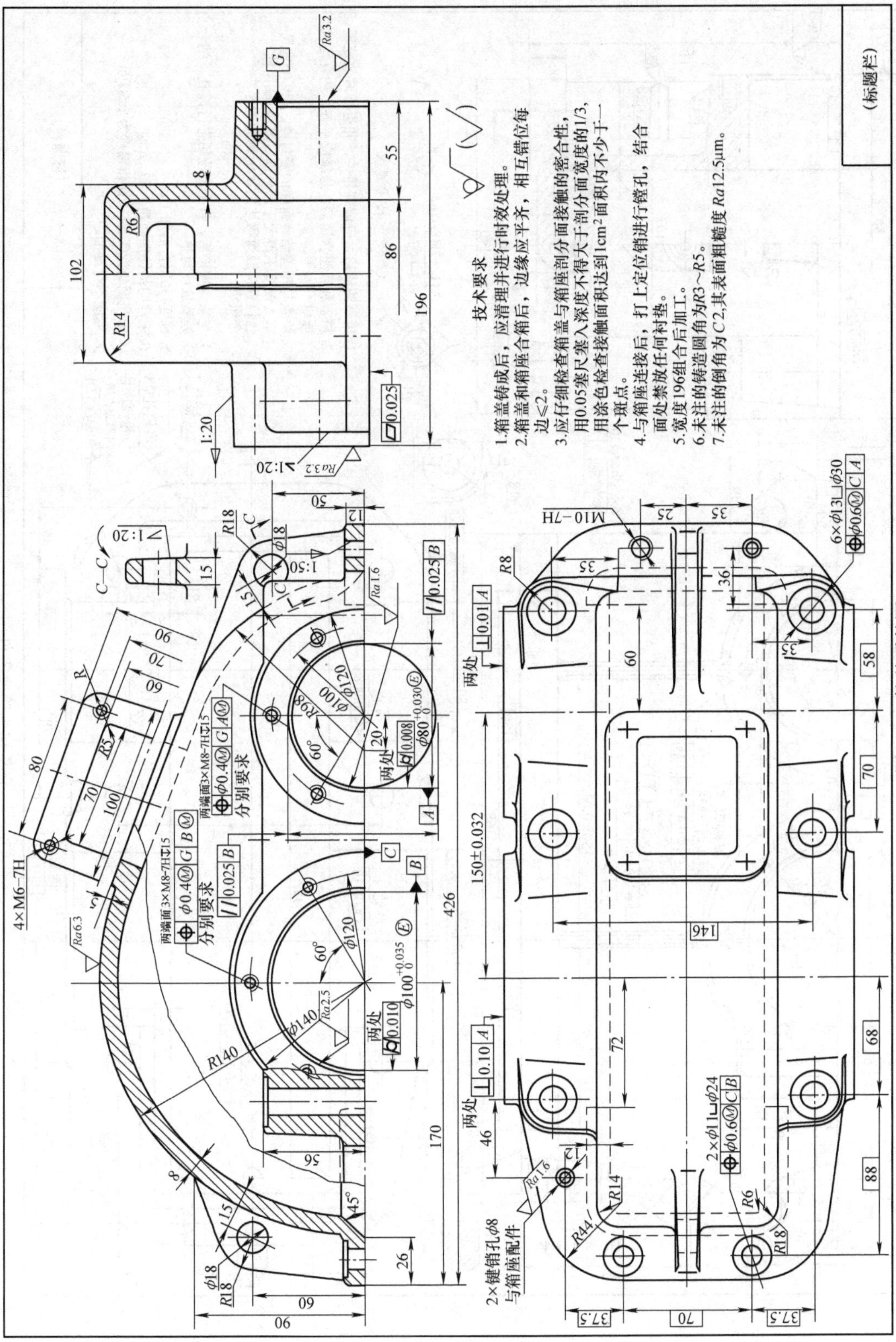
C—C
技术要求
1.箱盖铸成后，应清理并进行时效处理。
2.箱盖和箱座合箱后，边缘应平齐，相互错位每边≤2。
3.应仔细检查箱盖与箱座剖分面接触的密合性，用0.05塞尺塞入深度不得大于剖分面宽度的1/3，用涂色检查接触面积达到1cm²面积内不少于一个斑点。
4.与箱座连接后，打上定位销进行镗孔，结合面处禁放任何衬垫。
5.宽度196组合后加工。
6.未注的铸造圆角为R3~R5。
7.未注的倒角为C2,其表面粗糙度Ra12.5μm。
(标题栏)
2×锥销孔φ8
与箱座配作
4×M6-7H
M10-7H

图9-13　箱盖零件图

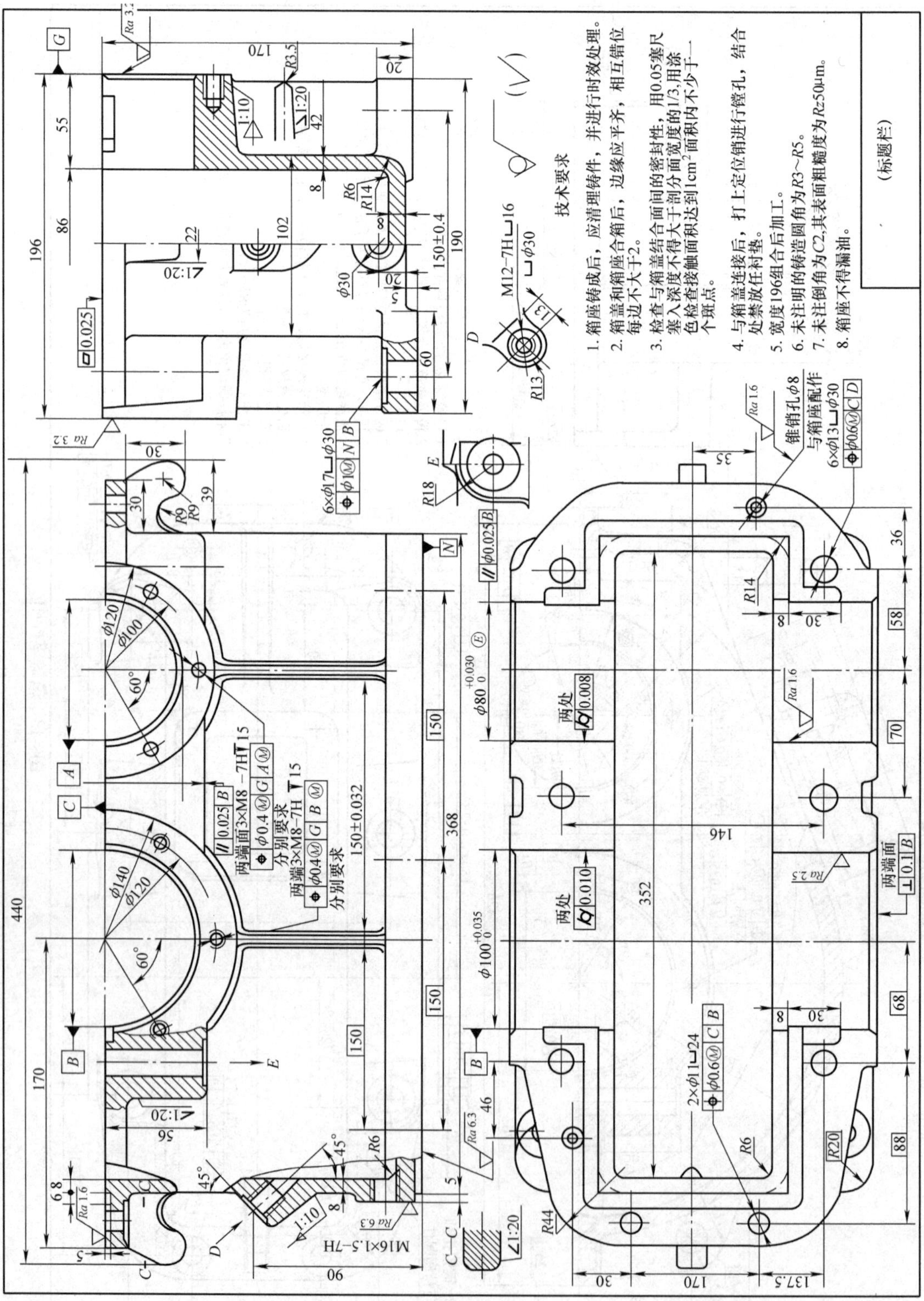
技术要求
1. 箱座铸成后，应清理铸件，并进行时效处理。
2. 箱盖和箱座合箱后，边缘应平齐，相互错位每边不大于2。
3. 检查与箱盖结合面间的密封性，用0.05塞尺塞入深度不得大于剖分面宽度的1/3，用涂色检查接触面积达到1cm²面积内不少于一个斑点。
4. 与箱盖连接后，打上定位销进行镗孔，结合处禁放任何衬垫。
5. 宽度196组合后加工。
6. 未注明的铸造圆角为R3~R5。
7. 未注倒角为C2，其表面粗糙度为Rz50μm。
8. 箱座不得漏油。
(标题栏)

图9-14　箱座零件图

9.3　装配图及零件图常见错误示例

在减速器设计中，学生最易出现的错误有两类：一类出现在轴系结构设计中，另一类出现在箱体结构和附件设计中。下面分别进行介绍。

1. 轴系结构设计常见错误示例

轴系结构设计常见错误示例如图 9-15 所示。

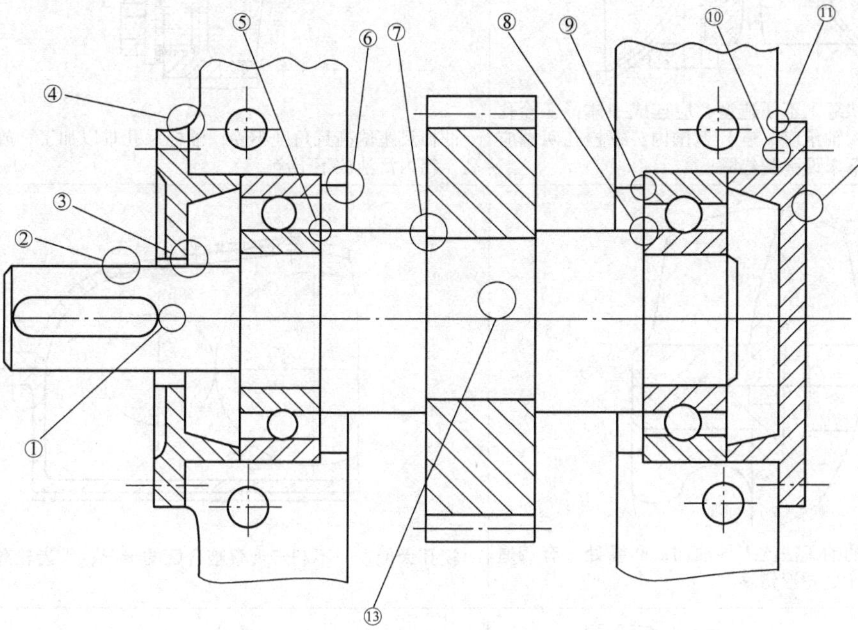

图 9-15　轴系结构设计常见错误

①键槽过长。

②轴端应有定位轴肩。

③缺少密封。

④缺少垫片。

⑤轴肩过高。

⑥此处轴承外圈不需轴向圈定。

⑦齿轮无法安装。

⑧轴肩过高。

⑨此处轴承外圈不需轴向固定。

⑩端盖处缺少垫片。

⑪箱体上加工面与非加工面应有分界线。

⑫轴承盖应减小加工面。

⑬缺少键。

2. 箱体和附件设计常见错误示例

箱体和附件设计常见错误示例见表 9-1。

表 9–1 箱体和附件设计常见错误示例

错 误 图 例	错 误 图 例
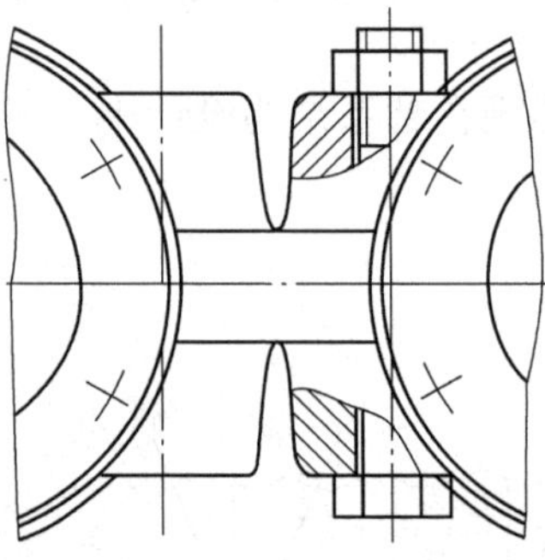 两凸台间成狭缝，不便造型，应连成一体；螺栓孔中心线不应进入轴承座（盖）范围内；螺栓孔两端应锪沉孔；螺母下未设弹簧垫圈	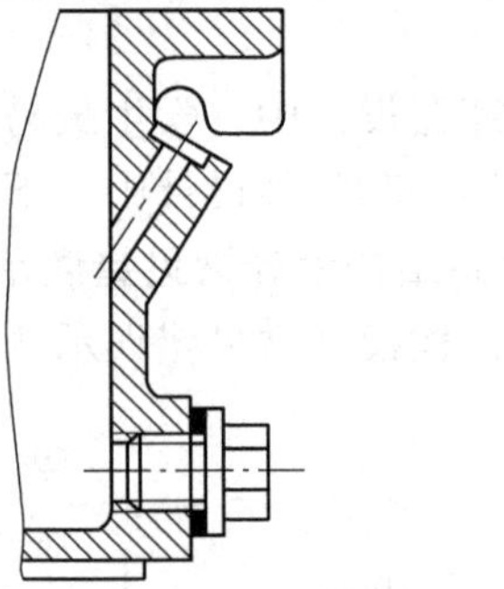 油标尺座偏高且角度不妥，油标尺孔难以加工；放油孔位置偏高，箱内污油放不干净
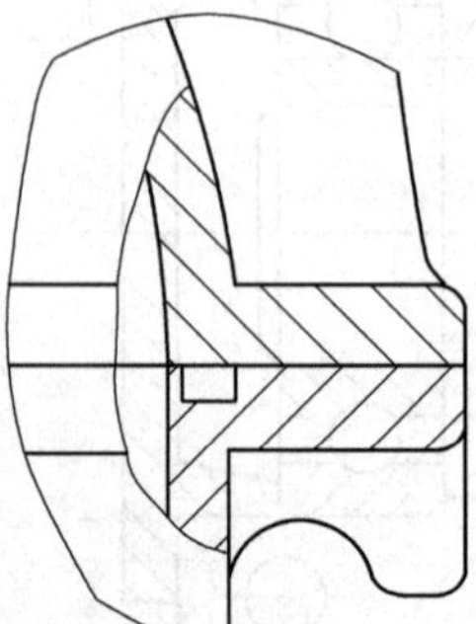 飞溅到箱盖的油无法流入导油沟；凸缘处应有铸造圆带；吊钩内凹处图形错误	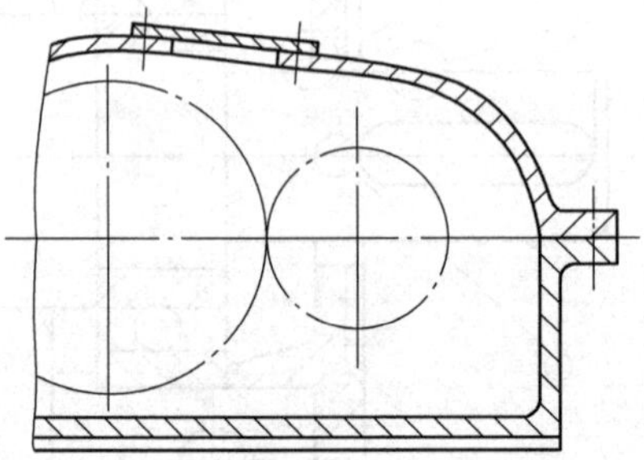 视孔太偏左，不利于观察啮合区的情况；大齿轮离箱底过近
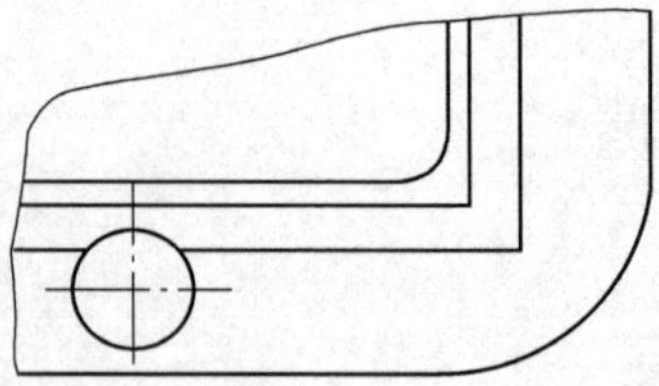 油沟形状不便于铸造或加工；螺栓孔太靠近箱壁，且与输油沟相通	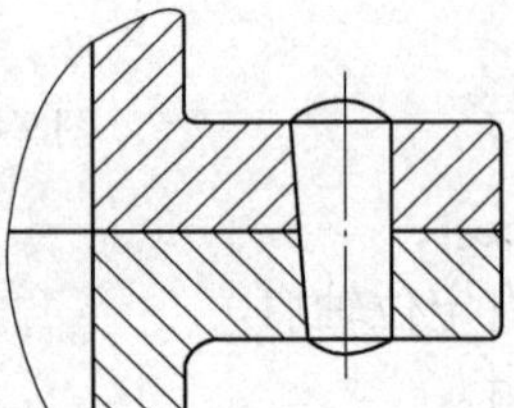 定位销太短，不便拆卸

3. 零件图常见问题

1）选用的齿轮材料是锻钢，却采用了铸钢的结构。

2）标注的是一个硬度值，而不是一个许可的硬度范围，或者没有标注达到硬度的热处理方式。

3）尺寸链封闭或缺尺寸，或尺寸标注方式不符合国家标准。

4）轮齿公差缺标或标准查错。特别是齿轮轴，往往漏标其上的齿轮尺寸。

5）蜗轮组合件应有明细表。在组合件图上只应标注组装后加工的尺寸与装配尺寸，不应标注所有尺寸。

6）不恰当地提高精度，降低表面粗糙度值。

第 3 篇　课程设计常用标准和规范

第10章　一般标准

10.1　图纸幅面和图样比例

图纸幅面、图样比例应符合图10-1和表10-1、表10-2标准。

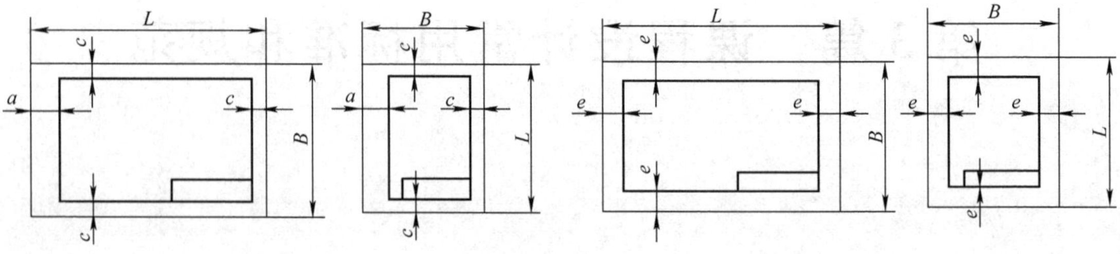

a)　　　　b)

图10-1　图纸幅面布局

a）留装订边　b）不留装订边

表10-1　图纸幅面（摘自GB/T 14689—2008）　　　　（单位：mm）

<table>
<tr><th colspan="3">基本幅面（第一选择）</th><th colspan="4">加长幅面（第二选择）</th></tr>
<tr><th>幅面代号</th><th>$B\times L$</th><th>a</th><th>c</th><th>e</th><th>幅面代号</th><th>$B\times L$</th></tr>
<tr><td>A0</td><td>841×1189</td><td rowspan="5">25</td><td rowspan="3">10</td><td rowspan="2">20</td><td>A3×3</td><td>420×981</td></tr>
<tr><td>A1</td><td>594×841</td><td>A3×4</td><td>420×1189</td></tr>
<tr><td>A2</td><td>420×594</td><td rowspan="3">10</td><td>A4×3</td><td>297×630</td></tr>
<tr><td>A3</td><td>297×420</td><td rowspan="2">5</td><td>A4×4</td><td>297×841</td></tr>
<tr><td>A4</td><td>210×297</td><td>A4×4</td><td>297×1051</td></tr>
</table>

注：1. 加长幅面的图框尺寸，按比所选用的基本幅面大一号的图框尺寸确定。例如，对A3×4，按A2的图框尺寸确定，即e为10（或c为10）。

2. 加长幅面（第三选择）的尺寸见GB/T 14689—2008。

表10-2　图样比例（摘录GB/T 14690—1993）

<table>
<tr><th>原 值 比 例</th><th colspan="2">缩 小 比 例</th><th colspan="2">放 大 比 例</th></tr>
<tr><td rowspan="9">1:1</td><td>1:2</td><td>$1:2\times10^n$</td><td>5:1</td><td>$5\times10^n:1$</td></tr>
<tr><td>1:5</td><td>$1:5\times10^n$</td><td>2:1</td><td>$2\times10^n:1$</td></tr>
<tr><td>1:10</td><td>$1:10\times10^n$</td><td></td><td>$1\times10^n:1$</td></tr>
<tr><td colspan="4">必要时允许选取</td></tr>
<tr><td>1:1.5</td><td>$1:1.5\times10^n$</td><td>4:1</td><td>$4\times10^n:1$</td></tr>
<tr><td>1:2.5</td><td>$1:2.5\times10^n$</td><td>2.5:1</td><td>$2.5\times10^n:1$</td></tr>
<tr><td>1:3</td><td>$1:3\times10^n$</td><td colspan="2" rowspan="3">n-正整数</td></tr>
<tr><td>1:4</td><td>$1:4\times10^n$</td></tr>
<tr><td>1:6</td><td>$1:6\times10^n$</td></tr>
</table>

10.2　普通螺纹及其倒角相关标准

普通螺纹收尾、肩距、退刀槽及倒角形式如图 10-2 所示，其参数可以参照表 10-3。

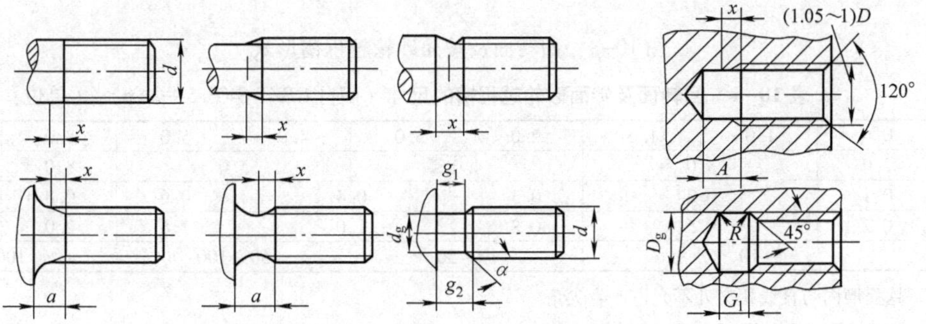

图 10-2　普通螺纹收尾、肩距、退刀槽、倒角形式

表 10-3　普通螺纹收尾、肩距、退刀槽、倒角（摘自 GB/T 3—1997）（单位：mm）

外螺纹										内螺纹								
螺距 P	收尾 x max		肩距 a max			退刀槽				螺距 P	收尾 X max		肩距 A		退刀槽			
						g_2	g_1	r	d_g						G_1		R	D_g
	一般	短的	一般	长的	短的	max	min	≈			一般	短的	一般	长的	一般	短的	≈	
0.5	1.25	0.7	1.5	2	1	1.5	0.8	0.2	d-0.8	0.5	2	1	3	4	2	1	0.2	D+0.3
0.6	1.5	0.75	1.8	2.4	1.2	1.8	0.9	0.4	d-1	0.6	2.4	1.2	3.2	4.8	2.4	1.2	0.3	
0.7	1.75	0.9	2.1	2.8	1.4	2.1	1.1		d-1.1	0.7	2.8	1.4	3.5	5.6	2.8	1.4	0.4	
0.75	1.9	1	2.25	3	1.5	2.25	1.2		d-1.2	0.75	3	1.5	3.8	6	3	1.5	0.4	
0.8	2	1	2.4	3.2	1.6	2.4	1.3		d-1.3	0.8	3.2	1.6	4	6.4	3.2	1.6	0.4	
1	2.5	1.25	3	4	2	3	1.6	0.6	d-1.6	1	4	2	5	8	4	2	0.5	D+0.5
1.25	3.2	1.6	4	5	2.5	3.75	2		d-2	1.25	5	2.5	6	10	5	2.5	0.6	
1.5	3.8	1.9	4.5	6	3	4.5	2.5	08	d-2.3	1.5	6	3	7	12	6	3	0.8	
1.75	4.3	2.2	5.3	7	3.5	5.25	3	1	d-2.6	1.75	7	3.5	9	14	7	3.5	0.9	
2	5	2.5	6	8	4	6	3.4		d-3	2	8	4	10	16	8	4	1	
2.5	6.3	3.2	7.5	10	5	7.5	4.4	1.2	d-3.6	2.5	10	5	12	18	10	5	1.2	
3	7.5	3.8	9	12	6	9	5.2	1.6	d-4.4	3	12	6	14	22	12	6	1.5	
3.5	9	4.5	10.5	14	7	10.5	6.2		d-5	3.5	14	7	16	24	14	7	1.8	
4	10	5	12	16	8	12	7	2	d-5.7	4	16	8	18	26	16	8	2	
4.5	11	5.5	13.5	18	9	13.5	8	2.5	d-6.4	4.5	18	9	21	29	18	9	2.2	
5	12.5	6.3	15	20	10	15	9	3.2	d-7	5	20	10	23	32	20	10	25	
5.5	14	7	16.5	22	11	17.5	11		d-7.7	5.5	22	11	25	35	22	11	2.8	
6	15	7.5	18	24	12	18	11		d-8.3	6	24	12	28	38	24	12	3	

注：1. 外螺纹倒角一般为 45°，也可采用 60°或 30°倒角；倒角深度应大于或等于牙型高度，过渡角 α 应不小于 30°。内螺纹入口端面的倒角一般为 120°，也可采用 90°倒角。端面倒角直径为（1.05 ~ 1）D（D 为螺纹公称直径）。

2. 应优先选用"一般"长度的收尾和肩距。

10.3　回转面及端面砂轮越程槽

回转面及端面砂轮越程槽形式如图 10-3 所示，其尺寸应符合表 10-4 的规定。

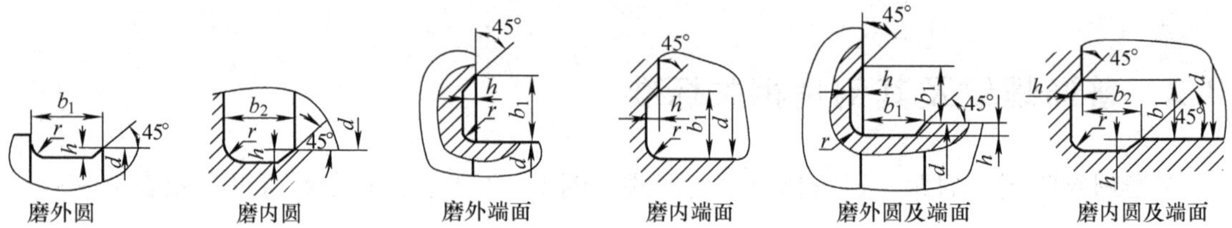

图 10-3　回转面及端面砂轮越程槽形式

表 10-4　回转面及端面砂轮越程槽的尺寸（摘自 GB/T 6403.5—2008）　（单位：mm）

b_1	0.6	1.0	1.6	2.0	3.0	4.0	5.0	8.0	10
b_2	2.0	3.0		4.0		5.0		8.0	10
h	0.1	0.2		0.3	0.4		0.6	0.8	1.2
r	0.2	0.5		0.8	1.0		1.6	2.0	3.0
d	~10			10 ~ 50		50 ~ 100		100	

注：1. 越程槽内与直线相交处不允许产生尖角。

2. 越程槽深度 h 与圆弧半径 r 要满足 $r \leqslant 3h$。

10.4　标准尺寸

标准尺寸（直径、长度、高度等）见表 10-5。

表 10-5　标准尺寸（直径、长度、高度等）（摘自 GB/T 2822—2005）（单位：mm）

R10	R20	R10	R20	R40	R10	R20	R40	R10	R20	R40	R10	R20	R40
1.25	1.25	12.5	12.5	12.5	40.0	40.0	40.0	125	125	125	400	400	400
	1.40			13.2			42.5			132			425
1.60	1.60		14.0	14.0		45.0	45.0		140	140		450	450
	1.80			15.0			47.5			150			475
2.00	2.00	16.0	16.0	16.0	50.0	50.0	50.0	160	160	160	500	500	500
	2.24			17.0			53.0			170			530
2.50	2.50		18.0	18.0		56.0	56.0		180	180		560	560
	2.80			19.0			60.0			190			600
3.15	3.15	20.0	20.0	20.0	63.0	63.0	63.0	200	200	200	630	630	630
	3.55			21.2			67.0			212			670
4.00	4.00		22.4	22.4		71.0	71.0		224	224		710	710
	4.50			23.6			75.0			236			750
5.00	5.00	25.0	25.0	25.0	80.0	80.0	80.0	250	250	250	800	800	800
	5.60			26.5			85.0			265			850
6.30	6.30		28.0	28.0		90.0	90.0		280	280		900	900
	7.10			30.0			95.0			300			950
8.00	8.00	31.5	31.5	31.5	100.0	100.0	100.0	315	315	315	1000	1000	1000
	9.00			33.5			106			335			1060
10.0	10.0		35.5	35.5		112	112		355	355		1120	1120
	11.2			37.5			118			375			1180

注：1. 选择系列及单个尺寸时，应首先在优先数系 R 系列中选用标准尺寸，选用顺序为：R10、R20、R40。若必须将数值圆整，可在相应的 R′系列（本表未列出）中选用标准尺寸。

2. 本标准适用于机械制造业中有互换性或系列化要求的主要尺寸，其他结构尺寸也尽量采用。

3. 由主要尺寸导出的因变量尺寸和工艺上时序间的尺寸不受本标准限制。

4. 已有专用标准规定的尺寸，可按专业标准选用。

10.5　中心孔形式及其尺寸

中心孔分 A、B、C、R 四个型号，不同的加工方法和应用场合采用不同的中心孔。具体选用尺寸和表示方法见表 10-6 和表 10-7。

表 10-6　中心孔（摘自 GB/T 145—2001）　　（单位：mm）

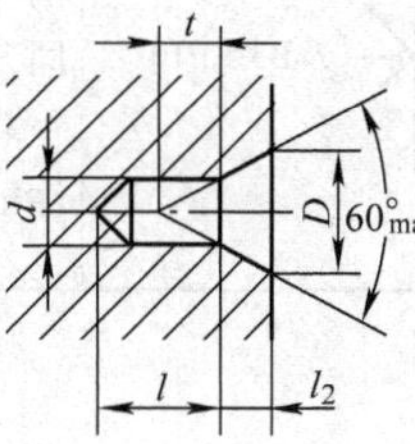

A 型
不带护锥中心孔

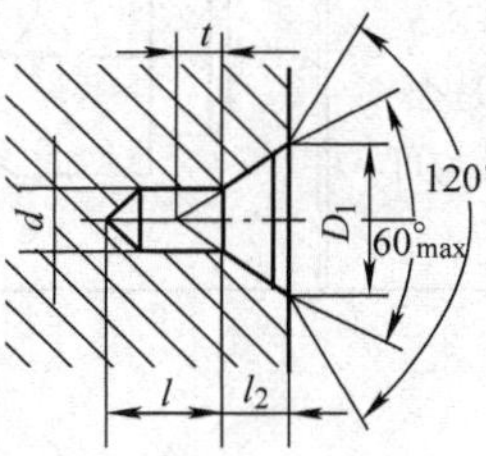

B 型
带护锥中心孔

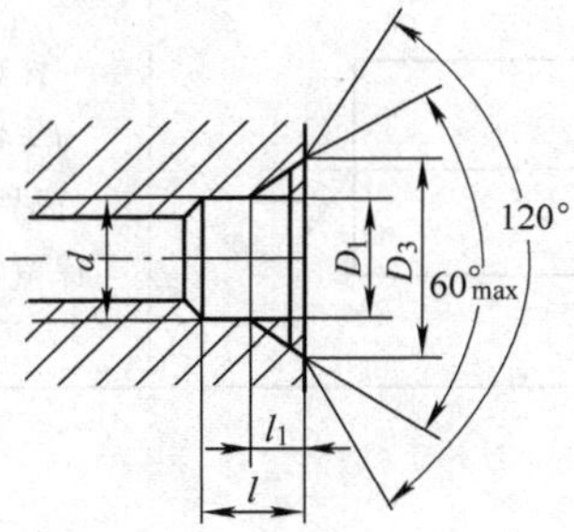

C 型
带螺纹的中心孔

d	D、D_1		l_2（参考）		t（参考）	d	D_1	D_3	l	l_1（参考）	选择中心孔的参考数据		
A、B 型	A 型	B 型	A 型	B 型	A、B 型	C 型					工件最大质量/kg	原料端部最小直径 D_0	轴状原料最大直径 D_c
1.6	3.35	5.00	1.52	1.99	1.4								
2.00	4.25	6.30	1.95	2.54	1.8						120	8	>10～18
2.50	5.30	8.00	2.42	3.20	2.2						200	10	>18～30
3.15	6.70	10.00	3.07	4.03	2.8	M3	3.2	5.8	2.6	1.8	500	12	>30～50
4.00	8.50	12.50	3.90	5.05	3.5	M4	4.3	7.4	3.2	2.1	800	15	>50～80
(5.00)	10.60	16.00	4.85	6.41	4.4	M5	5.3	8.8	4.0	2.4	1000	20	>80～120
6.30	13.20	18.00	5.98	7.36	5.5	M6	6.4	10.5	5.0	2.8	1500	25	>120～180
(8.00)	17.00	22.40	7.79	9.36	7.0	M8	8.4	13.2	6.0	3.3	2000	30	>180～220
10	21.20	28.00	9.70	11.66	8.7	M10	10.5	16.3	7.5	3.8	2500	35	>180～220

注：1. A 和 B 型中心孔的尺寸 l 取决于中心钻的长度，此值不应小于 t 值。

2. 括号内的尺寸尽量不要采用。

3. 选择中心孔的参考数据不属于 GB/T 145—2001 的内容，仅供参考。

表 10-7　中心孔表示方法（摘自 GB/T 4459.5—1999）　　（单位：mm）

标注示例	解　释	标注示例	解　释
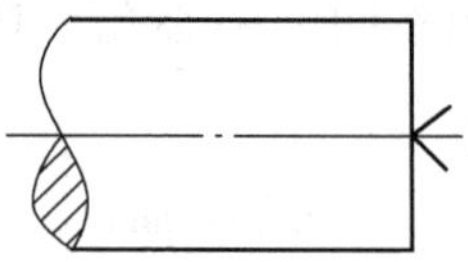	B 型中心孔 $d=3.15$，$D_1=10$ 成品零件保留中心孔	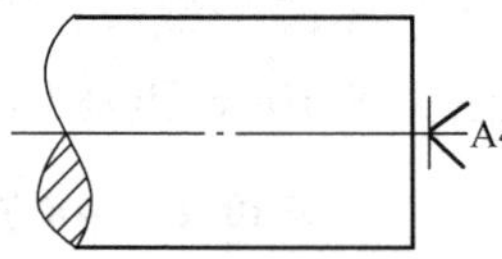	A 型中心孔 $d=4$，$D=8.5$ 成品零件不保留中心孔
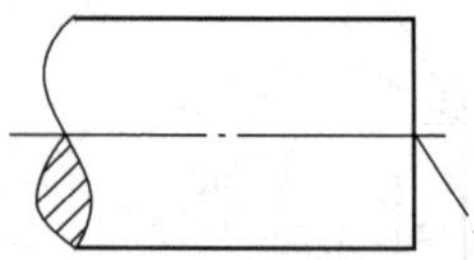	A 型中心孔 $d=4$，$D=8.5$ 成品零件是否保留中心孔均可	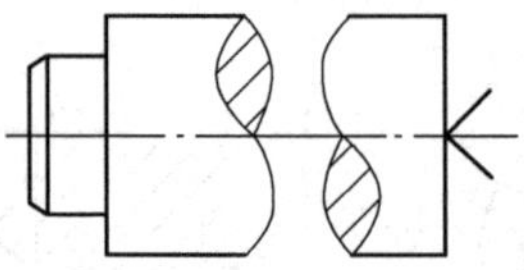	同一轴的两端中心孔相同，可只在其一端标注，并注出数量

10.6　倒圆与倒角

零件倒圆与倒角形式如图 10-4 所示，其尺寸系列值按照表 10-8 选取。

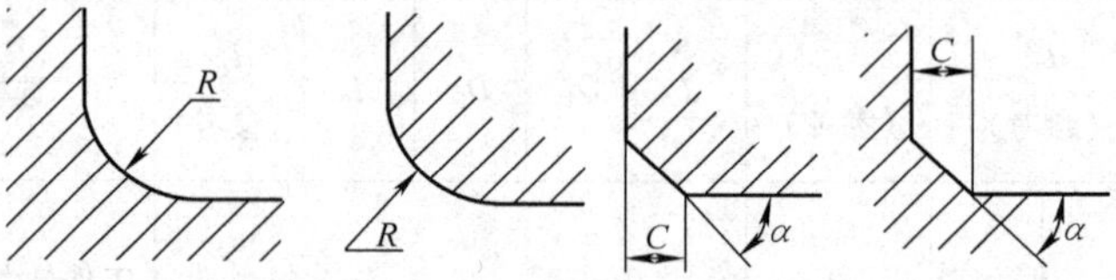

图 10-4　倒圆、倒角形式

α 一般采用 45°，也可采用 30°或 60°。

表 10-8　零件倒圆、倒角尺寸系列值（摘自 GB/T 6403.4—2008）　（单位：mm）

R、C	0.1	0.2	0.3	0.4	0.5	0.6	0.8	1.0	1.2	1.6	2.0	2.5	3.0
	4.0	5.0	6.0	8.0	10	12	16	20	25	32	40	50	—

内角、外角分别为倒圆、倒角（45°）的装配形式如图 10-5 所示。R_1、C_1 的偏差为正；R、C 的偏差为负，具体参见表 10-9 及表 10-10。

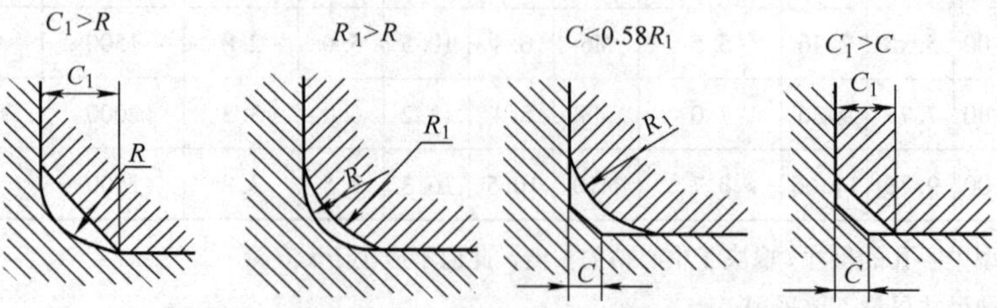

图 10-5　倒圆、倒角的四种装配形式

表 10-9　内角倒角、外角倒圆时 C 的最大值 C_{max} 与 R_1 的关系　　（单位：mm）

R_1	0.1	0.2	0.3	0.4	0.5	0.6	0.8	1.0	1.2	1.6	2.0	2.5	3.0	4.0	5.0	6.0	8.0	10	12	16	20	25
C_{max}	—	0.1	0.1	0.2	0.2	0.3	0.4	0.5	0.6	0.8	1.0	1.2	1.6	2.0	2.5	3.0	4.0	5.0	6.0	8.0	10	12

表 10-10　与直径 ϕ 相应的倒角 C、倒圆 R 的推荐值　　（单位：mm）

ϕ	<3	3~6	6~10	10~18	18~30	30~50	50~80	80~120	120~180	180~250	250~320	320~400
C 或 R	0.2	0.4	0.6	0.8	1.0	1.6	2.0	2.5	3.0	4.0	5.0	6.0

10.7　轴肩及轴伸

轴肩自由表面过渡圆角形式及尺寸应符合图 10-6 和表 10-11 的要求。

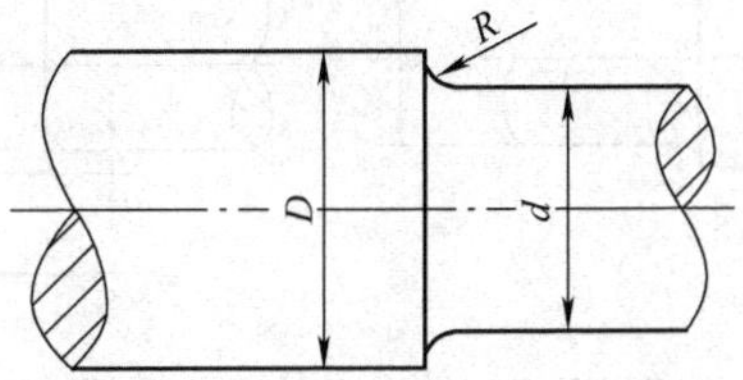

图 10-6　轴肩自由表面过渡圆角

表 10-11　轴肩自由表面过渡圆角　　（单位：mm）

$D-d$	2	5	8	10	15	20	25	30	35	50	55	65	70	90	100	130	140	170	180
R	1	2	3	4	5	8	10	12	12	16	20	20	25	25	30	30	40	40	50

注：尺寸 $D-d$ 是表中数值的中间值时，则按较小尺寸来选取 R。例如，$D-d=98$mm，则按 90mm 选取 $R=25$mm。

圆柱形轴伸应符合国标 GB/T 1569—2005 的相关要求，见表 10-12。

表 10-12　圆柱形轴伸相关尺寸（摘自 GB/T 1569—2005）　　（单位：mm）

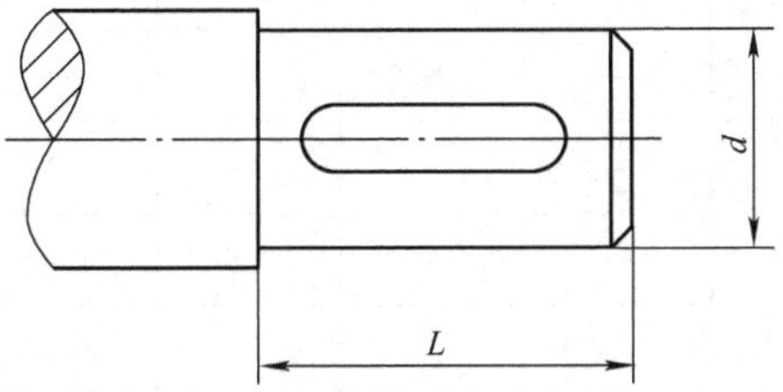

d	L	
	长系列	短系列
10，11	23	20
12，14	30	25
16，18，19	40	28
20，22，24	50	36
25，28	60	42
30，32，35，38	80	58
40，42，45，48，50，55，56	110	82
60，63，65，70，71，75	140	105
80，85，90，95	170	130
100，110，120，125	210	165
130，140，150	250	200
160，170，180	300	240
190，200，220	350	280

（续）

d 的极限偏差				240，250，260	410	330
d	6 ~ 30	32 ~ 50	55 ~ 630	280，300，320	470	380
				340，360，380	550	450
极限偏差	j6	k6	m6	400，420，440，450，460，480，500	650	540
				530，560，600，630	800	680

注：可根据产品的性能、特点和要求，按 GB/T 1801—2009 选用不同的极限偏差。

轴肩和轴环如图 10-7 所示。

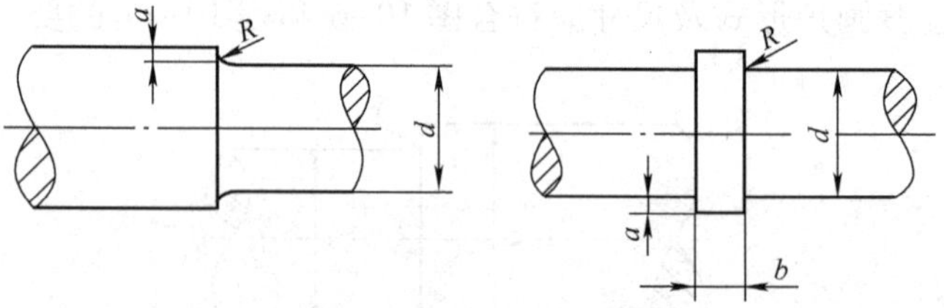

图 10-7　轴肩和轴环的形式

图中 $a = (0.07 \sim 0.1)d$、$b \approx 1.4a$，定位用 $a > R$（R 为倒圆半径，详见表 10-8）。

10.8　铸造相关标准

10.8.1　铸件最小壁厚

铸件的最小壁厚见表 10-13。

表 10-13　铸件最小壁厚（不小于）　　（单位：mm）

铸造方法	铸件尺寸	铸钢	灰铸铁	球墨铸铁	可锻铸铁	铝合金	镁合金	铜合金
砂型	200 × 200	8	6	6	5	3	—	3 ~ 5
	> 200 × 200 ~ 500 × 500	10 ~ 12	6 ~ 10	12	8	4	3	6 ~ 8
	> 500 × 500	15 ~ 20	15 ~ 20	—	—	6	—	—
金属型	70 × 70	5	4	—	2.5 ~ 3.5	2 ~ 3	—	3
	> 70 × 70 ~ 150 × 150	—	5	—	—	4	2.5	4 ~ 5
	> 150 × 150	10	6	—	—	5	—	6 ~ 8

10.8.2　铸造斜度及过渡斜度

铸造斜度及过渡斜度见表 10-14 及表 10-15。

表 10-14　铸造斜度（摘自 JB/ZQ 4257—1986）

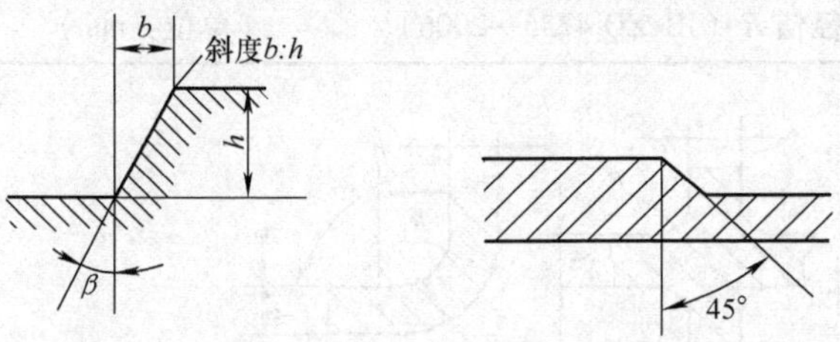

斜度 $b:h$	角度 β	适 用 范 围
1:5	10°30′	h <25mm 时的钢、铁铸件
1:10	5°30′	25mm < h < 500mm 时的钢、铁铸件
1:20	3°	
1:50	1°	h >500mm 时的钢、铁铸件
1:100	30′	非铁金属铸件

注：当设计不同壁厚的铸件时，在转折点处的斜角最大还可增大到 30° ~45°。

表 10-15　铸造件过渡斜度（摘自 JB/ZQ 4254—2006）　　（单位：mm）

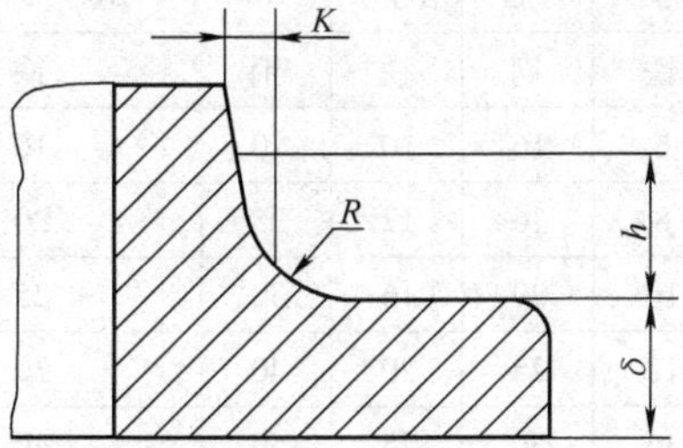

适用于减速器机体、机盖、连接管、汽缸以及其他各种联接法兰等

铸铁和铸钢件的壁厚 δ	K	h	R
10 ~ 15	3	15	5
15 ~ 20	4	20	5
20 ~ 25	5	25	5
25 ~ 30	6	30	8
30 ~ 35	7	35	8
35 ~ 40	8	40	10
40 ~ 45	9	45	10
45 ~ 50	10	50	10

10. 8. 3　铸造内、外圆角

铸造外圆角的形式和尺寸如表 10-16 所示。

表 10-16　铸造外圆角半径值 *R*（摘自 JB/ZQ 4256—2006）　　（单位：mm）

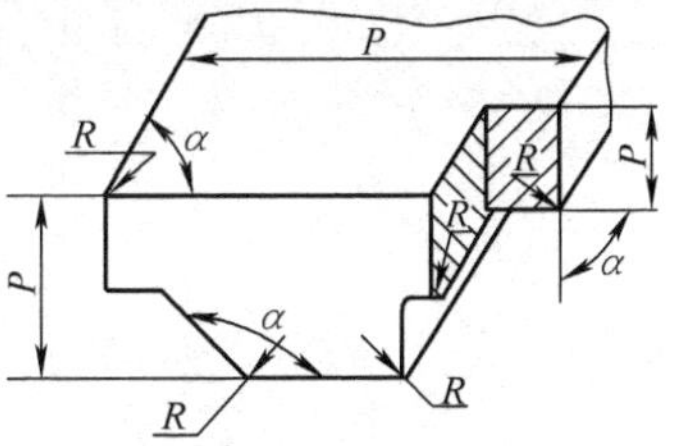

表面的最小边尺寸 P/mm	外圆角 α					
	≤50°	51° ~75°	75° ~105°	105° ~135°	135° ~165°	165°
≤25	2	2	2	4	6	8
25 ~60	2	4	4	6	10	16
60 ~160	4	4	6	8	16	25
160 ~250	4	6	8	12	20	30
250 ~400	6	8	10	16	25	40
400 ~600	6	8	12	20	30	50
600 ~1000	8	12	16	25	40	60

注：如一铸件按表可选出许多不同的圆角 R 时，应尽量减少或只取一适当的 R 值以求统一。

铸造内圆角的形式和尺寸如表 10-17 所示。

表 10-17　铸造内圆角半径值 *R*（JB/ZQ 4255—2006）　（单位：mm）

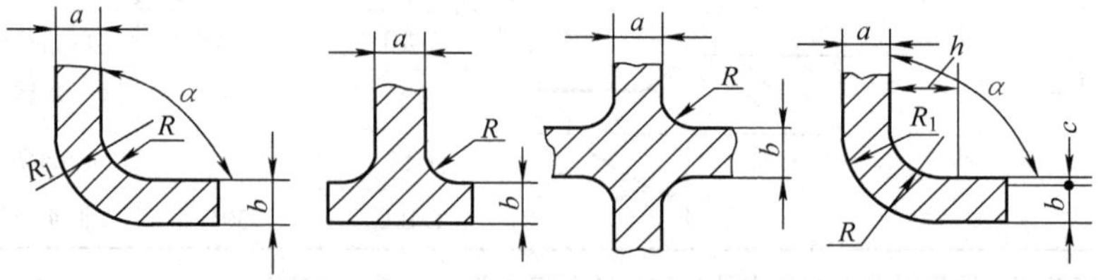

$a \approx b$　　$b < 0.8a$

$R_1 = R + a$　　$R_1 = R + b + c$

$\frac{a+b}{2}$	≤50°		50°~75°		75°~105°		105°~135°		135°~165°		165°	
	钢	铁	钢	铁	钢	铁	钢	铁	钢	铁	钢	铁
≤8	4	4	4	4	6	4	8	6	16	10	20	16
9~12	4	4	4	4	6	6	10	8	16	12	25	20
13~16	4	4	6	4	8	6	12	10	20	16	30	25
17~20	6	4	8	6	10	8	16	12	25	20	40	30
21~27	6	6	10	8	12	10	20	16	30	25	50	40
28~35	8	6	12	10	16	12	25	20	40	30	60	50
36~45	10	8	16	12	20	16	30	25	50	40	80	60

c 和 *h*

b/a		≤0.4	>0.4~0.65	>0.65~0.8	>0.8
$c \approx$		0.7（$a-b$）	0.7（$a-b$）	$a-b$	—
$h \approx$	钢	$8c$			
	铁	$9c$			

第 11 章　金属材料

11.1　钢铁材料

钢铁包括铸铁和钢，铸铁包括灰铸铁（见表 11-1）、球墨铸铁（见表 11-2）等；钢包括铸造碳钢（见表 10-3）、普通碳素结构钢（见表 11-4）、优质碳素结构钢（见表 11-5）、弹簧钢（见表 11-6）及合金结构钢（见表 11-7）等。

表 11-1　灰铸铁（摘自 GB/T 9439—2010）

牌　号	铸件壁厚/mm		最小抗拉强度 R_m（强制性值）（min）单铸试棒/MPa	布氏硬度/HBW	应用举例
	大于	至			
HT100	5	40	100	≤170	盖、外罩、油盘、手轮、手把、支架等
HT150	5	10	150	125～205	端盖、汽轮泵体、轴承座、阀壳、一般机床底座、床身及其他复杂零件、工作台等
	10	20			
	20	40			
	40	80			
	80	150			
	150	300			
HT200	5	10	200	150～230	齿轮、气缸、底架、飞轮、齿条、一般机床铸有导轨的床身及中等压力（8 MPa 以下）液压缸、液压泵和阀的壳体等
	10	20			
	20	40			
	40	80			
	80	150			
	150	300			
HT250	5	10	250	180～250	液压缸、气缸、箱体、齿轮、齿轮箱外壳、飞轮、联轴器、凸轮及轴承座等
	10	20			
	20	40			
	40	80			
	80	150			
	150	300			
HT300	10	20	300	200～275	车床卡盘、剪床、齿轮、凸轮、导板、转塔自动车床及其他重负荷机床铸有导轨的床身、高压液压缸、液压泵和滑阀的壳体等
	20	40			
	40	80			
	80	150			
	150	300			
HT350	10	20	350	220～290	
	20	40			
	40	80			
	80	150			
	150	300			

注：灰铸铁的硬度由经验关系式计算：$HBW = R_H(100 + 0.44R_m)$，R_H 一般取 0.80～1.20。

表 11-2　球墨铸铁（摘自 GB/T 1348—2009）

牌　　号	抗拉强度 R_m/MPa (min)	屈服强度 $R_{p0.2}$/MPa (min)	伸长率 A（%）(min)	布氏硬度/HBW	用　　途
QT400-18L	400	240	18	120～175	减速器箱体、管道、阀盖、阀体、拨叉及离合器壳等
QT400-18R	400	250	18	120～175	
QT400-18	400	250	18	120～175	油泵齿轮、阀门体、车辆轴瓦、凸轮、减速器箱体及轴承座等
QT400-15	400	250	15	120～180	
QT450-10	450	310	10	160～210	
QT500-7	500	320	7	170～230	
QT550-5	550	350	5	180～250	凸轮轴、曲轴、齿轮轴、缸体、缸套、连杆、矿车轮及农机零件等
QT600-3	600	370	3	190～270	
QT700-2	700	420	2	225～305	
QT800-2	800	480	2	245～335	
QT900-2	900	600	2	280～360	凸轮轴、履带式拖拉机链轨板等

注：1. 表中牌号系由单铸试块测定的性能。
2. 字母“L”表示该牌号有低温（-20℃或-40℃）下的冲击性能要求；字母“R”表示该牌号有室温（23℃）下的冲击性能要求。
3. 伸长率是从原始标距 $L_0=5d$ 上测得的，d 是试样上原始标距处的直径。

表 11-3　一般工程用铸造碳钢（摘自 GB/T 11352—2009）

牌　　号	抗拉强度 R_m/MPa	屈服强度 R_{eH} ($R_{P0.2}$) / MPa	伸长率 A_5 (%)	根据合同选择			应用举例
				断面收缩率 Z (%)	冲击吸收功 A_{KV} /J	冲击吸收功 A_{KU} /J	
	最小值						
ZG200-400	400	200	25	40	30	47	各种形状的机件，如机座、变速箱壳等
ZG230-450	450	230	22	32	25	35	铸造平坦的零件，如机座、机盖、箱体，工作温度在450℃以下的管道附件等。焊接性良好
ZG270-500	500	270	18	25	22	27	各种形状的机件，如飞轮、机架、蒸汽锤、联轴器、水压机工作缸、横梁等。焊接性尚可
ZG310-570	570	310	15	21	15	24	各种形状的机件，如联轴器、气缸、齿轮、齿轮圈及重负荷机架等
ZG340-640	640	340	10	18	10	16	起重运输机中的齿轮、联轴器及重要的机件等

注：1. 各牌号铸钢的性能适用于厚度为100mm以下的铸件。当厚度超过100mm时，表中规定的 R_{eH} ($R_{P0.2}$) 屈服强度仅供设计使用。
2. 表中冲击吸收功 A_{KU} 的试样缺口为2mm。

表11-4　普通碳素结构钢（摘自GB/T 700—2006）

牌号	等级	力学性能												冲击试验（V形缺口）		应用举例
		屈服强度[①] R_{eH}/（N/mm²）						抗拉强度[②] R_m/（N/mm²）	断后伸长率 A/（%）					温度/℃	冲击吸收功（纵向）/J	
		钢材厚度（或直径）/mm							钢材厚度（或直径）/mm							
		≤16	>16~40	>40~60	>60~100	>100~150	>150~200		≤40	>40~60	>60~100	>100~150	>150~200			
		不小于							不小于						不小于	
Q195	—	195	185	—	—	—	—	315~430	33	—	—	—	—	—	—	塑性好，常用其轧制薄板、拉制线材、制钉和焊接钢管
Q215	A	215	205	195	185	175	165	335~450	31	30	29	27	26	—	—	金属结构件、拉杆、套圈、铆钉、螺栓、短轴、心轴、凸轮（载荷不大的）、垫圈、渗碳零件及焊接件
	B													20	27	
Q235	A	235	225	215	215	195	185	370~500	26	25	24	22	21	—	—	金属结构构件，心部强度要求不高的渗碳或碳氮共渗零件、吊钩、拉杆、套圈、气缸、齿轮、螺栓、螺母、连杆、轮轴、盖及焊接件
	B													20	27[③]	
	C													0		
	D													−20		
Q275	A	275	265	255	245	225	215	410~540	22	21	20	18	17	—	—	轴、轴销、刹车杆、螺母、螺栓、垫圈、连杆、齿轮以及其他强度较高的零件等
	B													20	27	
	C													0		
	D													−20		

① Q195的屈服强度数值仅供参考，不作交货条件。

② 厚度大于100mm的钢材，抗拉强度下限允许降低20 N/mm²，宽带钢（包括剪切钢板）抗拉强度上限不作交货条件。

③ 厚度小于25mm的Q235B级钢材，如供方能保证冲击吸收功值合格，经需方同意，可不作检验。

表 11-5　优质碳素结构钢（摘自 GB/T 699—1999）

牌号	推荐热处理温度/℃			试样毛坯尺寸/mm	力学性能					钢材交货状态硬度 HBW10/3000		应用举例
	正火	淬火	回火		抗拉强度 σ_b/MPa	屈服强度 σ_s/MPa	伸长率 δ_5（%）	收缩率 φ（%）	冲击功 A_{KU2}/J	不大于		
					不小于					未热处理钢	退火钢	
08F	930			25	295	175	35	60		131		用于需塑性好的零件、如管子、垫片、垫圈；心部强度要求不高的渗碳和碳氮共渗零件，如套筒、短轴、挡块、支架、靠模、离合器盘
10	930			25	335	205	31	55		137		用于制造拉杆、卡头、钢管垫片、垫圈、铆钉。这种钢无回火脆性，焊接性好，用来制造焊接零件
15	920			25	375	225	27	55		143		用于受力不大、韧性要求较高的零件、渗碳零件、紧固件、冲模锻件及不需要热处理的低载荷零件，如螺栓、螺钉、拉条、及化工贮器、蒸汽锅炉
20	910			25	410	245	25	55		156		用于不经受很大应力而要求很大韧性的机械零件，如杠杆、轴套、螺钉、起重钩等。也用于制造压力低于 6MPa、温度低于 450℃、在非腐蚀介质中使用的零件，如管子、导管等。还可用于表面硬度高而心部强度要求不高的渗碳与碳氮共渗的零件
25	900	870	600	25	450	275	23	50	71	170		用于制造焊接设备以及经锻造、热冲压和机械加工的不承受高应力的零件，如轴、联轴器、垫圈、螺栓、螺钉及螺母
35	870	850	600	25	530	315	20	45	55	197		用于制造曲轴、转轴、轴销、杠杆、横梁、链轮、圆盘、套筒钩环、垫圈、螺钉、螺母等。这种钢多在正火和调质状态下使用，一般不作焊接用

（续）

牌号	推荐热处理温度/℃			试样毛坯尺寸/mm	力学性能					钢材交货状态硬度 HBW10/3000		应用举例
	正火	淬火	回火		抗拉强度 σ_b/MPa	屈服强度 σ_s/MPa	伸长率 δ_5（%）	收缩率 φ（%）	冲击功 A_{KU2}/J	不大于		
					不小于					未热处理钢	退火钢	
45	850	840	600	25	600	355	16	40	39	229	197	用于制造齿轮、齿条、链轮、轴、键、销、蒸汽透平机的叶轮、压缩机及泵的零件、轧辊等。可代替渗碳钢做齿轮、轴、活塞销等，但要经高频或火焰表面淬火
50	830	830	600	25	630	375	14	40	31	241	207	用于制造齿轮、拉杆、轧辊、轴、圆盘
55	820	820	600	25	645	380	13	35		255	217	用于制造齿轮、连杆、轮缘、扁弹簧及轧辊等
60	810			25	675	400	12	35		255	229	用于制造轧辊、轴、弹簧、弹簧垫圈、离合器、凸轮、钢绳等
20Mn	910			25	450	275	24	50		197		用于制造凸轮轴、齿轮、联轴器、铰链、拖杆等
30Mn	880	860	600	25	540	315	20	45	63	217	187	用于制造螺栓、螺母、螺钉、杠杆及制动踏板等
40Mn	860	840	600	25	590	355	17	45	47	229	207	用于制造承受疲劳载荷的零件，如轴、万向联轴器、曲轴、连杆及在高应力下工作的螺栓、螺母等
50Mn	830	830	600	25	645	390	13	40	31	255	217	用于制造高耐磨性要求很高、在高载荷作用下的热处理零件，如齿轮、齿轮轴、摩擦盘、凸轮和截面直径在 ϕ80mm 以下的心轴等
60Mn	810			25	695	410	11	35		269	229	适用于制造弹簧、弹簧垫圈、弹簧环和片以及冷拔钢丝（≤7mm）和发条

注：表中所列正火推荐保温时间不少于30min，空冷；淬火推荐保温时间不少于30min，水冷；回火推荐保温时间不少于1h。

表 11-6　弹簧钢（摘自 GB/T 1222—2007）

牌　号	热处理制度①			力学性能，不小于					交货硬度		应用举例
	淬火温度/℃	淬火介质	回火温度/℃	抗拉强度 R_m/N · mm^{-2}	屈服强度 R_{eL}/N · mm^{-2}	断后伸长率 A（%）	断后伸长率 A_{113}（%）	断面收缩率 Z（%）	交货状态	布氏硬度/HBW 不大于	
65	840	油	500	980	785		9	35	热轧	285	调压、调速弹簧、柱塞弹簧，测力弹簧，一般机械的圆、方螺旋弹簧
70	830	油	480	1030	835		8	30	热轧	285	
85	820	油	480	1130	980		6	30	热轧	302	
65Mn	830	油	540	980	785		8	30	热轧	302	小尺寸的扁、圆弹簧，坐垫弹簧，发条，离合器弹片，弹簧环，以及刹车弹簧
55SiMnVB	860	油	460	1375	1225		5	30	热轧	321	汽车、拖拉机、机车的减振板簧和螺旋弹簧，气缸安全阀簧，止回阀簧，250℃以下使用的耐热弹簧
60 Si2 Mn	870	油	480	1275	1180		5	25	热轧	321	
60 Si2MnA	870	油	440	1570	1375		5	20	热轧	321	
55 SiCrA	860	油	450	1450 ~ 1750	1300（$R_{p0.2}$）	6		25	热轧 + 热处理	321	
55CrMnA	830 ~ 860	油	460 ~ 510	1225	1080（$R_{p0.2}$）	9		20	热轧	321	用于车辆、拖拉机上负荷较重、应力较大的板簧和直径较大的螺旋弹簧
60CrMnA	830 ~ 860	油	460 ~ 520	1225	1080（$R_{p0.2}$）	9		20	热轧	321	
50CrVA	850	油	500	1275	1130	10		40	热轧	321	
60CrMnBA	830 ~ 860	油	460 ~ 520	1225	1080（$R_{p0.2}$）	9		20	热轧	供需双方协商	
30W4Cr2VA②	1050 ~ 1100	油	600	1470	1325	7		40	热轧 + 热处理	321	

① 除规定的热处理上下限外，表中热处理允许偏差为：淬火 ±20℃，回火 ±50℃。

② 30W4 Cr2VA 除抗拉强度外，其他力学性能结果供参考，不作为交货依据。

表 11-7 合金结构钢（摘自 GB/T 3077—1999）

牌号	热处理				试样毛坯尺寸/mm	力学性能					钢材退火或高温回火供应状态的布氏硬度 HBW100/3000 不大于	特性及应用举例
	淬火		回火			抗拉强度 σ_b/MPa	屈服强度 σ_s/MPa	伸长率 δ_5（%）	断面收缩率 ψ（%）	冲击吸收功 A_{KU2}/J		
	温度/℃	冷却剂	温度/℃	冷却剂		不小于						
20Mn2	850 880	水、油 水、油	200 440	水、空气 水、空气	15	785	590	10	40	47	187	截面小时与 20Cr 相当。用于做渗碳小齿轮、小轴、钢套、链板等，渗碳淬火后硬度 56～62HRC
35Mn2	840	水	500	水	25	835	685	12	45	55	207	对于截面较小的零件可代替 40Cr，可做直径不大于 15mm 的重要用途的冷镦螺栓及小轴等，表面淬火后硬度 40～50HRC
45Mn2	840	油	550	水、油	25	885	735	10	45	47	217	用于制造在较高应力与磨损条件下的零件。在直径不大于 60mm 时，与 40Cr 相当。可做万向联轴器、齿轮、齿轮轴、蜗杆、曲轴、连杆、花键轴和摩擦盘等，表面淬火后硬度 45～55HRC
35SiMn	900	水	570	水、油	25	885	735	15	45	47	229	处理要求低温（－20℃以下）及冲击韧度很高的情况外，可全面代替 40Cr 作调质钢，亦可部分代替 40CrNi，可做中、小型轴、齿轮等零件，以及在 430℃以下工作的重要紧固件，表面淬火后硬度 45～55HRC
42SiMn	880	水	590	水	25	885	735	15	40	47	229	与 35SiMn 钢同。可代替 40Cr、34CrMo 钢做大齿圈。适于做表面淬火件，表面淬火后硬度 45～55HRC

（续）

牌号	热处理				试样毛坯尺寸/mm	力学性能					钢材退火或高温回火供应状态的布氏硬度 HBW100/3000 不大于	特性及应用举例
	淬火		回火			抗拉强度 σ_b/MPa	屈服强度 σ_s/MPa	伸长率 δ_5（%）	断面收缩率 ψ（%）	冲击吸收功 A_{KU2}/J		
	温度/℃	冷却剂	温度/℃	冷却剂		不小于						
20MnV	880	水、油	200	水、空气	15	785	590	10	40	55	187	相当于 20CrNi 的渗碳钢，渗碳淬火后硬度 56～62HRC
40MnVB	850	油	500	水、油	25	980	785	10	45	47	207	可代替 40Cr 做重要调质件，如齿轮、轴、连杆及螺栓等
37SiMn2MoV	870	水、油	650	水、空气	25	980	835	12	50	63	269	可代替 34CrNiMo 等做高强度、重负荷轴、曲轴、齿轮、蜗杆等零件，表面淬火后硬度 50～55HRC
20CrMnTi	第一次 880 第二次 870	油	200	水、空气	15	1080	835	10	45	55	217	强度、韧性均高，是铬镍钢的代用品。用于承受高速、中等或重负荷以及冲击磨损等的重要零件，如渗碳齿轮、凸轮等，渗碳淬火后硬度 56～62HRC
20CrMnMo	850	油	200	水、空气	15	1180	885	10	45	55	217	用于要求表面硬度高，耐磨，心部有较高强度、韧性的零件，如传动齿轮和曲轴等，渗碳淬火后硬度 56～62HRC
38CrMoAl	940	水、油	640	水、油	30	980	835	14	50	71	229	用于要求高耐磨性、高疲劳强度和相当高的强度且热处理变形小的零件，如镗杆、主轴、蜗杆、齿轮、套筒、套环等渗氮后表面硬度 1100HV

（续）

牌号	热处理				试样毛坯尺寸/mm	力学性能					钢材退火或高温回火供应状态的布氏硬度HBW100/3000不大于	特性及应用举例
	淬火		回火			抗拉强度 σ_b/MPa	屈服强度 σ_s/MPa	伸长率 δ_5（%）	断面收缩率 ψ（%）	冲击吸收功 A_{KU2}/J		
	温度/℃	冷却剂	温度/℃	冷却剂		不小于						
20Cr	第一次880 第二次780～820	水、油	200	水、空气	15	835	540	10	40	47	179	用于要求心部强度较高、承受磨损、尺寸较大的渗碳零件，如齿轮、齿轮轴、蜗杆、凸轮、活塞销等；也用于速度较大、受中等冲击的调质零件；渗碳淬火后硬度56～62HRC
40Cr	850	油	520	水、油	25	980	785	9	45	47	207	用于承受交变负荷、中等速度、中等负荷、强烈磨损而无很大冲击的重要零件，如重要的齿轮、轴、曲轴、连杆、螺栓及螺母等零件，并用于直径大于ϕ400mm、要求低温冲击韧度的轴与齿轮等，表面淬火后硬度48～55HRC
20CrNi	850	水、油	460	水、油	25	785	590	10	50	63	197	用于制造承受较高载荷的渗碳零件，如齿轮、轴、花键轴及活塞销等
40CrNi	820	油	500	水、油	25	980	785	10	45	55	241	用于制造要求强度高、韧性高的零件，如齿轮、轴、链条及连杆等
40CrNiMoA	850	油	600	水、油	25	980	835	12	55	78	269	用于特大截面的重要调质件，如机床主轴、传动轴及转子轴等

11.2　非铁金属材料

工业上把钢铁材料以外的其他金属及其合金统称为非铁金属（也称有色金属材料）。非铁金属材料的种类很多，如铝、铜、锡、铅及其合金等。其中铸造铜合金、铸造铝合金的相应技术指标分别见表 11-8 和表 11-9。

表 11-8　铸造铜合金（摘自 GB/T 1176—1987）

合金牌号	合金名称（或代号）	铸造方法	力学性能（不低于）				应用举例
			抗拉强度 σ_b	屈服强度 $\sigma_{0.2}$	伸长率 δ_5	布氏硬度/HBW	
			MPa		%		
ZCuSn5Pb5Zn5	5-5-5 锡青铜	S、J Li、La	200 250	90 100	13	590 * 635 *	较高负荷、中速下工作的耐磨、耐蚀件，如轴瓦、衬套、缸套及蜗轮
ZCuSn10Pb5	10-5 锡青铜	S J	195 245		10	685	耐蚀、耐酸件及破碎机衬套、轴瓦等
ZCuPb17Sn4Zn4	17-4-4 铅青铜	S J	150 175		5 7	540 590	一般耐磨件、轴承等
ZCuAl10Fe3	10-3 铝青铜	S J Li、La	490 540 540	180 200 200	13 15 15	980 * 1080 * 1080 *	要求强度高、耐磨、耐蚀的零件、如轴套、螺母、蜗轮及齿轮等
ZCuZn38	38 黄铜	S J	295		30	590 685	一般结构件和耐蚀件，如法兰、阀座及螺母等
ZCuZn40Pb2	40-2 铅黄铜	S J	220 280	120	15 20	785 * 885 *	一般用途的耐磨、耐蚀件、如轴套、齿轮等
ZCuZn16Si4	16-4 硅黄铜	S J	345 390		15 20	885 980	接触海水工作的管配件以及水泵、叶轮等

注：1. S—砂型铸造，J—金属型铸造，La—连续铸造，Li—离心铸造。

2. 布氏硬度实验力的单位为 N，有“*”者为参考值。

表 11-9　铸造铝合金（摘自 GB/T 1173—1995）

合金牌号	合金代号	铸造方法	合金状态	机械性能（不低于）		
				抗拉强度 σ_b/MPa	伸长率 δ_5（%）	布氏硬度/HBW
ZAiSi7Mg	ZL101	S. R. J. K S. R. J. K JB	F T2 T4	155 135 185	2 2 4	50 45 50

（续）

合金牌号	合金代号	铸造方法	合金状态	机械性能（不低于）		
				抗拉强度 σ_b/MPa	伸长率 δ_5（%）	布氏硬度/HBW
ZAiSi7MgA	ZL101A	S. R. K	T4	195	5	60
		J. JB	T4	225	5	60
		S. R. K	T5	235	4	70
ZAiSi12	ZL102	SB. RB. JB. KB	F	145	4	50
		J	F	155	2	50
		SB. RB. JB	T2	135	4	50
ZAiSi9Mg	ZL104	S. R. J. K	F	145	2	50
		J	T1	195	1.5	65
		SB. RB. KB	T6	225	2	70

注：1. 铸造方法代号：S—砂型铸造，J—金属型铸造，R—熔模铸造，K—壳型铸造，B—变质处理。

2. 合金状态代号：F—铸态，T1—人工时效，T2—退火，T4—固溶处理加自然时效，T5—固溶处理加不完全人工时效，T6—固溶处理加完全人工时效。

第 12 章　常用联接件

常用的联接件包括螺纹联接、键联接和销联接等。本章将主要介绍螺纹联接、键联接和销联接常用的标准和规范。

12.1　螺纹

普通螺纹的直径、螺距及基本尺寸参见表 12－1 和表 12－2。

表 12－1　普通螺纹的直径与螺距（摘自 GB/T 193—2003）　　（单位：mm）

公称直径 d、D			螺距 P		公称直径 d、D			螺距 P	
第 1 系列	第 2 系列	第 3 系列	粗牙	细牙	第 1 系列	第 2 系列	第 3 系列	粗牙	细牙
3			0.5	0.35			28		2, 1.5, 1
	3.5		0.6		30			3.5	(3), 2, 1.5
4			0.7	0.5			32		2, 1.5
	4.5		0.75			33		3.5	(3), 2, 1.5
5			0.8				35		1.5
		5.5			36			4	3, 2, 1.5
6		7	1	0.75			38		1.5
8			1.25	1, 0.75		39		4	3, 2, 1.5
		9	1.25				40		
10			1.5	1.25, 1, 0.75	42	45		4.5	4, 3, 2, 1.5
		11	1.5	1.5, 1, 0.75	48			5	
12			1.75	1.25, 1			50		3, 2, 1.5
	14		2	1.5, 1.25, 1		52		5	4, 3, 2, 1.5
		15		1.5, 1			55	5.5	
16			2		56				
		17					58		
20	18		2.5	2, 1.5, 1		60		5.5	
	22			2, 1.5, 1			62		
24			3	2, 1.5, 1	64			6	4, 3, 2, 1.5
		25		2, 1.5			65		
		26		1.5, 1		68		6	
	27		3	2, 1.5, 1			70		

注：1. 选用优先级按照由高到低为：第 1 系列、第 2 系列、第 3 系列，第 3 系列尽可能不用。

2. 括号内尺寸尽可能不用。

表 12-2　普通螺纹的基本尺寸（摘自 GB/T 196—2003）　　（单位；mm）

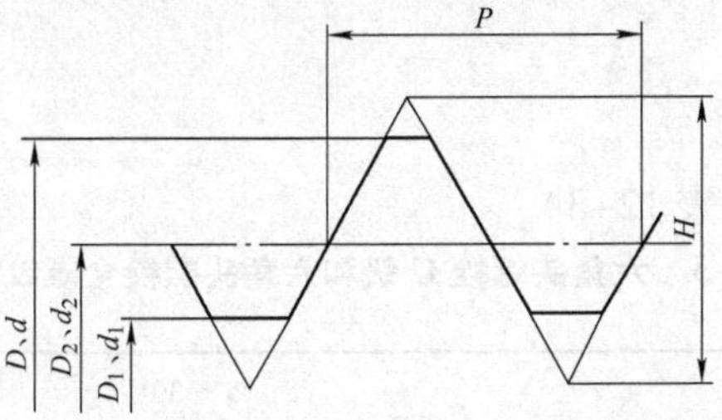

公称直径 d、D		螺距 P	中径 D_2、d_2	小径 D_1、d_1
3		0.5	2.675	2.459
		0.35	2.773	2.621
3.5		(0.6)	3.110	2.850
		0.35	3.273	3.121
4		0.7	3.545	3.242
		0.5	3.675	3.459
	4.5	(0.75)	4.013	3.688
		0.5	4.175	3.959
5		0.8	4.480	4.134
		0.5	4.675	4.459
6		1	5.350	4.917
		0.75	5.513	5.188
8		1.25	7.188	6.647
		1	7.350	6.917
		0.75	7.513	7.188
10		1.5	9.026	8.376
		1.25	9.188	8.647
		1	9.350	8.917
		0.75	9.513	9.188
12		1.75	10.863	10.106
		1.5	11.026	10.376
		1.25	11.188	10.647
		1	11.350	10.917
	14	2	12.701	11.835
		1.5	13.026	12.376
		1	13.350	12.917
16		2	14.701	13.835
		1.5	15.026	14.376
		1	15.350	14.917
	18	2.5	16.376	15.294
		2	16.701	15.835

公称直径 d、D		螺距 P	中径 D_2、d_2	小径 D_1、d_1
	18	1.5	17.026	16.376
		1	17.350	16.917
20		2.5	18.376	17.294
		2	18.701	17.835
		1.5	19.026	18.376
		1	19.350	18.917
	22	2.5	20.376	19.294
		2	20.701	19.835
		1.5	21.026	20.376
		1	21.350	20.917
24		3	22.051	20.752
		2	22.701	21.835
		1.5	23.026	22.376
		1	23.350	22.917
	27	3	25.051	23.752
		2	25.701	24.835
		1.5	26.026	25.376
		1	26.350	25.917
30		3.5	27.727	26.211
		2	28.701	27.835
		1.5	29.026	28.376
		1	29.350	28.917
	33	3.5	30.727	29.211
		2	31.701	30.835
		1.5	32.026	31.376
36		4	33.402	31.670
		3	34.051	32.752
		2	34.701	33.835
		1.5	35.026	34.376
	39	4	36.402	34.670
		3	37.051	35.572

公称直径 d、D		螺距 P	中径 D_2、d_2	小径 D_1、d_1
	39	2	37.701	36.835
		1.5	38.026	37.376
42		4.5	39.077	37.129
		3	40.051	38.752
		2	40.701	39.835
		1.5	41.026	40.376
	45	4.5	42.077	40.129
		3	43.051	41.752
		2	43.701	42.835
		1.5	44.026	43.376
48		5	44.752	42.587
		3	46.051	44.752
		2	46.701	45.835
		1.5	47.026	46.376
	52	5	48.752	46.587
		3	50.051	48.752
		2	50.701	49.835
		1.5	51.026	50.376
56		5.5	52.428	50.046
		4	53.402	51.670
		3	54.051	52.752
		2	54.701	53.835
		1.5	55.026	54.376
	60	(5.5)	56.428	54.046
		4	57.402	55.670
		3	58.051	56.752
		2	58.701	57.835
		1.5	59.026	58.376
64		6	60.103	57.505
		4	61.402	59.670
		3	62.051	60.752

12. 2 螺纹紧固件

1. 六角头螺栓 C 级（见表 12-3）

表 12-3 六角头螺栓 C 级和六角头螺栓全螺纹 C 级 （单位：mm）

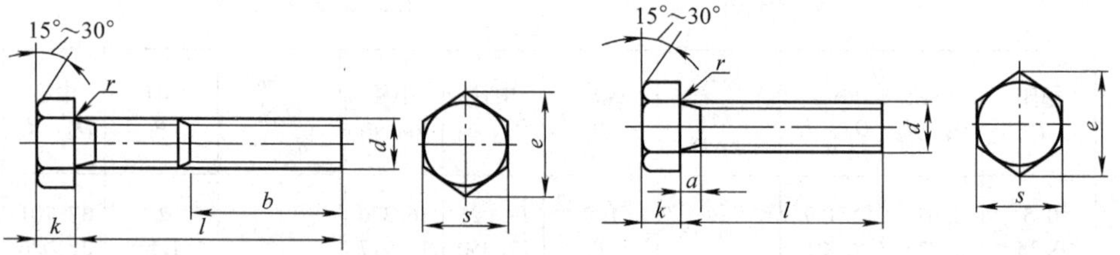

标记示例：

螺纹规格 d = M12、公称长度 l = 80mm 性能等级为 4. 8 级、不经表面处理、C 级六角头螺栓：螺栓 GB/T 5780 M12 × 80

螺纹规格 d		M5	M6	M8	M10	M12	(M14)	M16	(M18)	M20	(M22)	M24	(M27)	M30	M36
s（公称）		8	10	13	16	18	21	24	27	30	34	36	41	46	55
k（公称）		3. 5	4	5. 3	6. 4	7. 5	8. 8	10	11. 5	12. 5	14	15	17	18. 7	22. 5
r（最小）		0. 2	0. 25		0. 4			0. 6			0. 8			1	
e（最小）		8. 6	10. 9	14. 2	17. 6	19. 9	22. 8	26. 2	29. 6	33	37. 3	39. 6	45. 2	50. 9	60. 8
a（最大）		2. 4	3	4	4. 5	5. 3		6			7. 5		9	10. 5	12
b 参考	l≤125	16	18	22	26	30	34	38	42	46	50	54	60	66	78
	125≤l≤200	—	—	28	32	36	40	44	48	52	56	60	66	72	84
	l>200	—	—	—	—	—	53	57	61	65	69	73	79	85	97
l（公称）GB/T 5780—2000		25 ~ 50	30 ~ 60	40 ~ 80	45 ~ 100	55 ~ 120	60 ~ 140	65 ~ 160	80 ~ 180	80 ~ 200	90 ~ 220	100 ~ 240	110 ~ 260	120 ~ 300	140 ~ 360
全螺纹长度 l GB/T 5781—2000		10 ~ 50	12 ~ 60	16 ~ 80	20 ~ 100	25 ~ 120	30 ~ 140	35 ~ 160	35 ~ 180	40 ~ 200	45 ~ 220	50 ~ 240	55 ~ 280	60 ~ 300	70 ~ 360
100mm 长的质量/kg		0. 013	0. 020	0. 037	0. 063	0. 090	0. 127	0. 172	0. 223	0. 282	0. 359	0. 424	0. 566	0. 721	1. 100
l 系列（公称）		10，12，16，20，25，30，35，40，45，50，55，60，65，70，80，90，100，110，120，130，140，150，160，180，200，220，240，260，280，300，320，340，360，380，400，420，440，460，480，500													

技术条件				
GB/T 5780—2000 螺纹公差：8g GB/T 5781—2000 螺纹公差：8g	材料：钢	性能等级：d ≤ 39mm：3. 6、4. 6、4. 8；d > 39mm：按协议	表面处理：不经处理，电镀，非电解锌粉覆盖	产品等级：C

2. 六角头螺栓—A 级和 B 级（见表 12-4）

表 12-4　六角头螺栓—A 级和 B 级和六角头螺栓全螺纹　　（单位：mm）

六角头螺栓（GB/T 5782—2000）

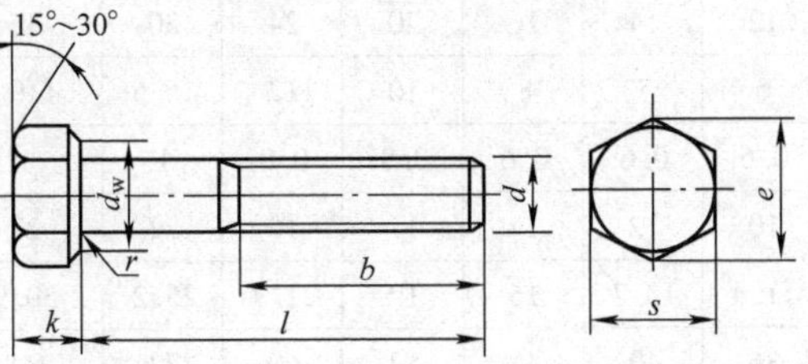

六角头螺栓全螺纹（GB/T 5783—2000）

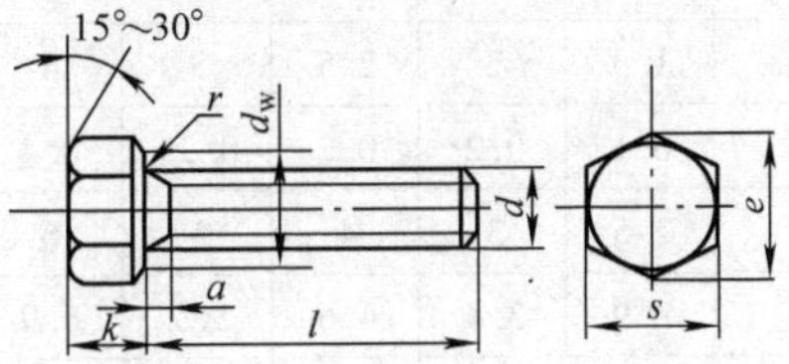

六角头头部带孔螺栓 A 级和 B 级（GB/T 32.1—1988）

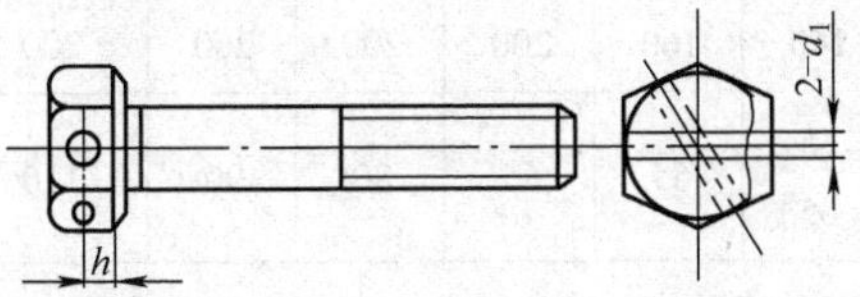

其余的形式与尺寸按 GB/T 5782—2000 规定

六角头头部带槽螺栓 A 级和 B 级（GB/T 32.1—1988）

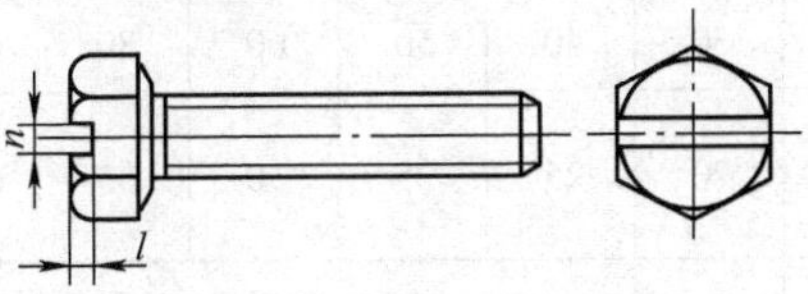

其余的形式与尺寸按 GB/T 5783—2000 规定

标记示例：

螺纹规格 d = M12、公称长度 l = 80mm、A 级六角头螺栓：螺栓 GB/T 5782 M12 ×80

螺纹规格 d		M1.6	M2	M2.5	M3	M4	M5	M6	M8	M10	M12	(M14)	M16	(M18)	M20	(M22)	M24	(M27)	M30	M36
s 公称		3.2	4	5	5.5	7	8	10	13	16	18	21	24	27	30	34	36	41	46	55
k 公称		1.1	1.4	1.7	2	2.8	3.5	4	5.3	6.4	7.5	8.8	10	11.5	12.5	14	15	17	18.7	22.5
r_{min}		0.1				0.2		0.25	0.4		0.6				0.8			1		
e_{min}	A	3.41	4.32	5.45		7.66	8.79	11.05	14.38	17.77	20.03	23.36	26.75	30.14	33.53	37.72	39.98	—	—	—
	B	3.28	4.18	5.31		7.5	8.63	10.89	14.2	17.59	19.85	22.78	26.17	29.56	32.95	37.29	39.55	45.2	50.85	60.79
d_{wmin}	A	2.27	3.07	4.07		5.88	6.88	8.88	11.63	14.63	16.63	19.64	22.49	25.34	28.19	31.71	33.61	—	—	—
	B	2.30	2.95	3.95		5.74	6.74	8.74	11.47	14.47	16.47	19.15	22.00	24.85	27.70	31.35	33.25	38	42.75	51.11
b 参考	l≤125	9	10	11		14	16	18	22	26	30	34	38	42	46	50	54	60	66	—
	125≤l≤200	15	16	17		20	22	24	28	32	36	40	44	48	52	56	60	66	72	84
	l>200	28	29	30		33	35	37	41	45	49	53	57	61	65	69	73	79	85	97
a		—	—	—		2.1	2.4	3	3.75	4.5	5.25	6		7.5			9		10.5	12
h		—	—	—		1.2		1.6	2	2.5	3	—	—	—	—	—	—	—	—	—

3. 内六角圆柱头螺钉（见表 12-5）

表 12-5　内六角圆柱头螺钉的基本规格　　（单位：mm）

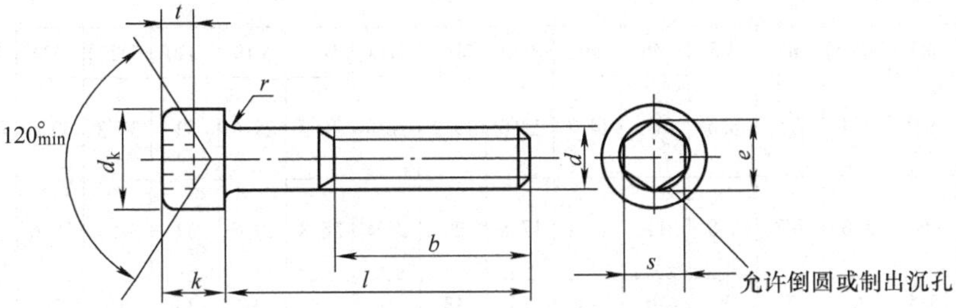

标记示例：

螺纹规格 d = M5，公称长度 l = 200mm，性能等级为 8.8 级，表面氧化的内六角圆柱头螺钉：GB/T 70.1　M5 ×20

（续）

螺纹规格 d	M3	M4	M5	M6	M8	M10	M12	（M14）	M16	M20	M24	M30	M36
d_k	5.5	7	8.5	10	13	16	18	21	24	30	36	45	54
k_{max}	3	4	5	6	8	10	12	14	16	20	24	30	36
t	1.3	2	2.5	3	4	5	6	7	8	10	12	15.5	19
r	0.1	0.2	0.2	0.25	0.4	0.4	0.6	0.6	0.6	0.8	0.8	1	1
s	2.5	3	4	5	6	8	10	12	14	17	19	22	27
e_{min}	2.9	3.4	4.6	5.7	6.9	9.2	11.4	13.7	16	19	21.7	25.2	30.9
b（参考）	18	20	22	24	28	32	36	40	44	52	60	72	84
l	5 ~ 30	6 ~ 40	8 ~ 50	10 ~ 60	12 ~ 80	16 ~ 100	20 ~ 120	25 ~ 140	25 ~ 160	30 ~ 200	40 ~ 200	45 ~ 260	55 ~ 200
全螺纹时最大长度	20	25	25	30	35	40	45	55（65）	55	65	80	90	110
l 系列	2.5，3，4，5，6，8，10，12，（14），（16），20，25，30，35，40，45，50，（55），60，（65），70，80，90，100，110，120，130，140，150，160，180，200												

4. 六角螺母（见表 12-6）

表 12-6　六角螺母—C 级、1 型六角螺母、六角薄螺母无倒角、六角薄螺母　（单位：mm）

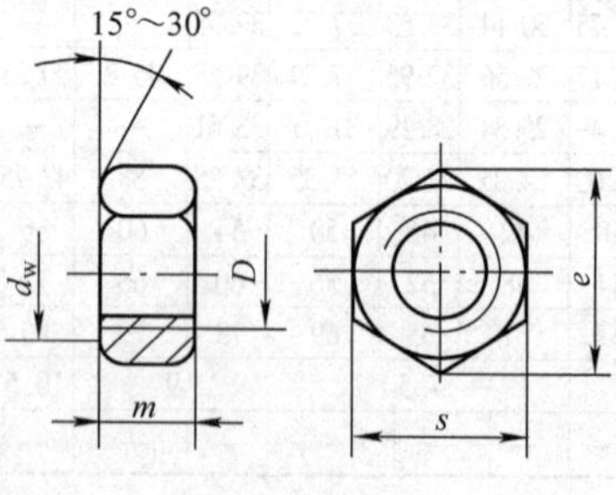

标记示例：
螺纹规格 D = M12、性能等级为 5 级，
不经表面处理 C 级的 1 型六角螺母：
螺母 GB/T 41　M12

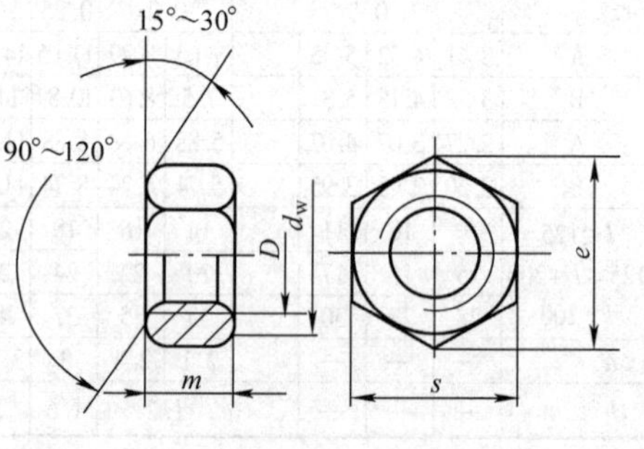

标记示例：
螺纹规格 D = M12、性能等级为 10 级，
不经表面处理，A 级的 1 型六角螺母：
螺母 GB/T 6170 M12

螺纹规格 D		M3	(M3.5)	M4	M5	M6	M8	M10	M12	(M14)	M16	(M18)	M20	(M22)	M24	(M27)	M30	M36
e_{min}	GB/T 41 GB/T 6174	5.9	6.4	7.5	8.6	10.9	14.2	17.6	19.9	22.8	26.2	29.6	33	37.3	39.6	45.2	50.9	60.8
	GB/T 6170 GB/T 6172.1	6	6.6	7.7	8.8	11	14.4	17.8	20	23.4	26.8	29.6	33	37.3	39.6	45.2	50.9	60.8
s 公称		5.5	6	7	8	10	13	16	18	21	24	27	30	34	36	41	46	55

（续）

螺纹规格 D		M3	(M3.5)	M4	M5	M6	M8	M10	M12	(M14)	M16	(M18)	M20	(M22)	M24	(M27)	M30	M36
d_{wmin}	GB/T 41 GB/T 6174	—	—	—	6.7	8.7	11.5	14.5	16.5	19.2	22	24.9	27.7	31.4	33.3	38	42.8	51.1
	GB/T 6170 GB/T 6172.1	4.6	5.1	5.9	6.9	8.9	11.6	14.6	16.6	19.6	22.5	24.9	27.7	31.4	33.3	38	42.8	51.1
m_{max}	GB/T 6170	2.4	2.8	3.2	4.7	5.2	6.8	8.4	10.8	12.8	14.8	15.8	18	19.4	21.5	23.8	25.6	31
	GB/T 6172.1																	
	GB/T 6174	1.8	2	2.2	2.7	3.2	4	5	6	7	8	9	10	11	12	13.5	15	18
	GB/T 41	—	—	—	5.6	6.4	7.9	9.5	12.2	13.9	15.9	16.9	19	20.2	22.3	24.7	26.4	31.9

5. 平垫圈（见表 12-7）

表 12-7　平垫圈、小垫圈、平垫圈—倒角型 A 级和平垫圈—C 级　（单位：mm）

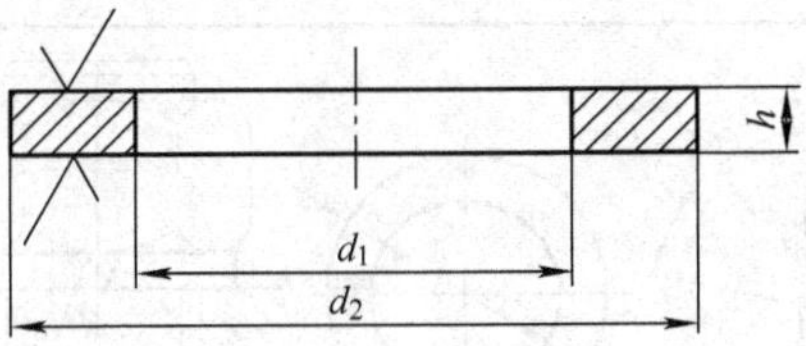

平垫圈（摘自 GB/T 97.1—2002）、小垫圈（摘自 GB/T 848—2002）

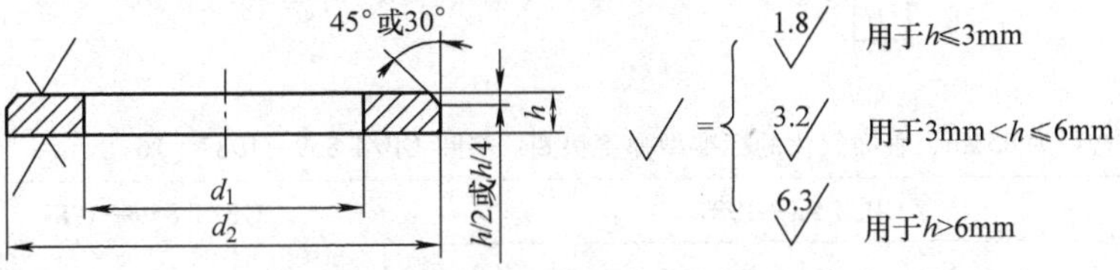

平垫圈—倒角型（摘自 GB/T 97.2—2002）

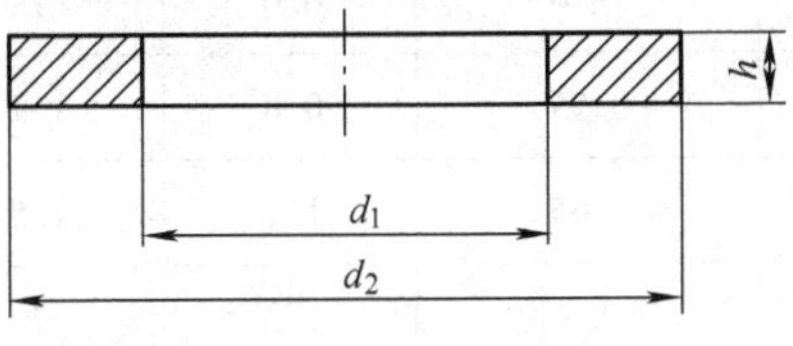

平垫圈—C 级（摘自 GB/T 95—1995）

标记示例：

公称尺寸 d = 8mm、性能等级为 140 HV 级、不经表面处理的平垫圈标记为：垫圈 GB/T 97.1　8

公称尺寸（螺纹规格）d		4	5	6	8	10	12	(14)	16	20	24	30	36
d_1 公称（min）	GB/T 848—2002	4.3	5.3	6.4	8.4	10.5	13	15	17	21	25	31	37
	GB/T 97.1—2002												
	GB/T 97.2—2002	—											
	GB/T 95—1995												

（续）

<table>
<tr><td colspan="2">公称尺寸
（螺纹规格）d</td><td>4</td><td>5</td><td>6</td><td>8</td><td>10</td><td>12</td><td>（14）</td><td>16</td><td>20</td><td>24</td><td>30</td><td>36</td></tr>
<tr><td rowspan="4">d_2
公称（max）</td><td>GB/T 848—2002</td><td>8</td><td>9</td><td>11</td><td>15</td><td>18</td><td>20</td><td>24</td><td>28</td><td>34</td><td>39</td><td>50</td><td>60</td></tr>
<tr><td>GB/T 97.1—2002</td><td>9</td><td rowspan="3">10</td><td rowspan="3">12</td><td rowspan="3">16</td><td rowspan="3">20</td><td rowspan="3">24</td><td rowspan="3">28</td><td rowspan="3">30</td><td rowspan="3">37</td><td rowspan="3">44</td><td rowspan="3">56</td><td rowspan="3">66</td></tr>
<tr><td>GB/T 97.2—2002</td><td rowspan="2">—</td></tr>
<tr><td>GB/T 95—1995</td></tr>
<tr><td rowspan="4">h
公称</td><td>GB/T 848—2002</td><td>0.5</td><td rowspan="4">1</td><td colspan="3">1.6</td><td>2</td><td colspan="2">2.5</td><td>3</td><td rowspan="4" colspan="2">4</td><td rowspan="4">5</td></tr>
<tr><td>GB/T 97.1—2002</td><td>0.8</td><td rowspan="3" colspan="2">1.6</td><td rowspan="3">2</td><td rowspan="3" colspan="2">2.5</td><td rowspan="3" colspan="2">3</td></tr>
<tr><td>GB/T 97.2—2002</td><td rowspan="2">—</td></tr>
<tr><td>GB/T 95—1995</td></tr>
</table>

6. 弹簧垫圈（见表 12-8）

表 12-8　弹簧垫圈的基本规格　　（单位：mm）

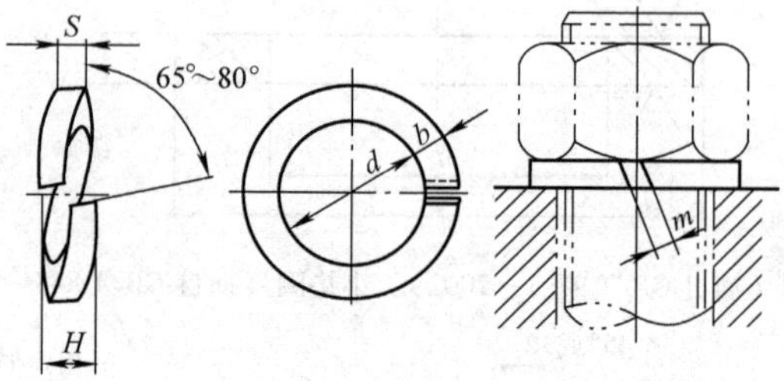

标记示例：

规格 16mm，材料为 65Mn、表面氧化的标准型弹簧垫圈：垫圈 GB/T 859—1987　16

规格（螺纹大径）	d	GB/T 93—1987		GB/T 859—1987		
		$S=b$	$0<m\leqslant$	S	b	$0<m\leqslant$
3	3.1	0.8	0.4	0.6	1	0.3
4	4.1	1.1	0.55	0.8	1.2	0.4
5	5.1	1.3	0.65	1.1	1.5	0.55
6	6.1	1.6	0.8	1.3	2	0.65
8	8.1	2.1	1.05	1.6	2.5	0.8
10	10.2	2.6	1.3	2	3	1
12	12.2	3.1	1.55	2.5	3.5	1.25
（14）	14.2	3.6	1.8	3	4	1.5
16	16.2	4.1	2.05	3.2	4.5	1.6
（18）	18.2	4.5	2.25	3.6	5	1.8
20	20.2	5	2.5	4	5.5	2

（续）

规格（螺纹大径）	d	GB/T 93—1987		GB/T 859—1987		
		$S=b$	$0<m\leqslant$	S	b	$0<m\leqslant$
（22）	22.5	5.5	2.75	4.5	6	2.25
24	24.5	6	3	5	7	2.5
（27）	27.5	6.8	3.4	5.5	8	2.75
30	30.5	7.5	3.75	6	9	3
36	36.6	9	4.5	—	—	—

12.3　键联接

1. 普通平键（见表 12-9）

表 12-9　普通平键　（单位：mm）

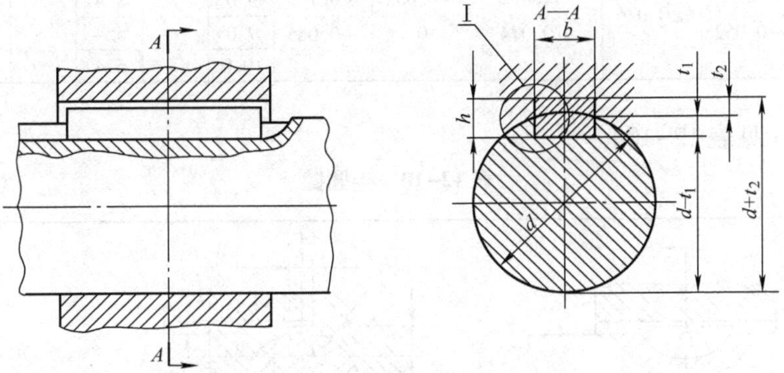

键和键槽的剖面尺寸（摘自 GB/T 1095—2003）

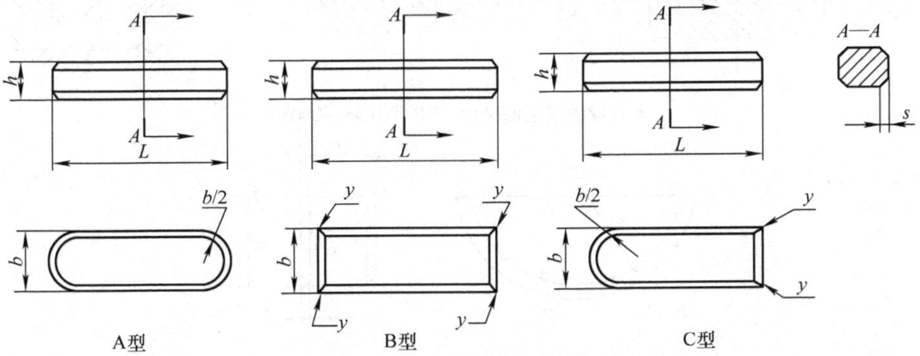

普通平键型式尺寸（摘自 GB/T 1096—2003）

标记示例：$L=100$mm　　键 18×100 GB/T 1096—2003

平头普通平键（B 型）、$b=18$mm、$h=11$mm、$L=100$mm　　GB/T 1096—2003　键 B18×11×100

单圆头普通平键（C 型）、$b=18$mm、$h=11$mm、$L=100$mm　　GB/T 1096—2003　键 C18×11×100

（续）

键尺寸 $b\times h$	键槽											
	宽度 b						深度				半径 r	
	基本尺寸	极限偏差					轴 t_1		毂 t_2			
		正常联结		紧密联结	松联结		基本尺寸	极限偏差	基本尺寸	极限偏差		
		轴 N9	毂 Js9	轴和毂 P9	轴 H9	毂 D10					min	max
2×2	2	−0.004 −0.029	±0.0125	−0.006 −0.031	+0.025 0	+0.060 +0.020	1.2	+0.1 0	1.0	+0.1 0	0.08	0.16
3×3	3						1.8		1.4			
4×4	4	0 −0.030	±0.015	−0.012 −0.042	+0.030 0	+0.078 +0.030	2.5		1.8			
5×5	5						3.0		2.3		0.16	0.25
6×6	6						3.5		2.8			
8×7	8	0 −0.036	±0.018	−0.015 −0.051	+0.036 0	+0.098 +0.040	4.0	+0.2 0	3.3	+0.2 0		
10×8	10						5.0		3.3		0.25	0.40
12×8	12	0 −0.043	±0.0215	−0.018 −0.061	+0.043 0	+0.120 +0.050	5.0		3.3			
14×9	14						5.5		3.8			
16×10	16						6.0		4.3			
18×11	18						7.0		4.4			
20×12	20	0 −0.052	±0.026	−0.022 −0.074	+0.052 0	+0.149 +0.065	7.5		4.9		0.40	0.60
22×14	22						9.0		5.4			
25×14	25						9.0		5.4			
28×16	28						10.0		6.4			

2. 半圆键（见表 12-10）

表 12-10　半圆键　　（单位：mm）

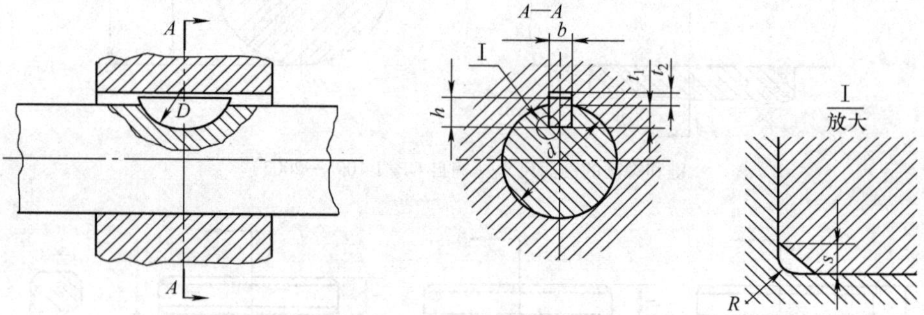

半圆键键槽剖面尺寸（GB/T 1098—2003）

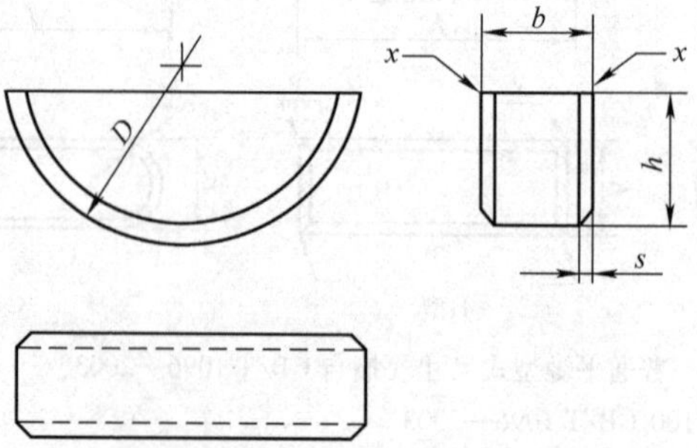

普通型半圆键（GB/T 1099—2003）

标记示例：

$b=6$mm、$h=10$mm、$D=25$mm 的半圆键：GB/T 1099.1—2003　键 6×10×25

（续）

键尺寸 $b\times h\times D$	键槽											
	宽度 b						深度				半径 R	
	基本尺寸	极限偏差					轴 t_1		毂 t_2			
		正常联结		紧密联结	松联结		基本尺寸	极限偏差	基本尺寸	极限偏差	max	min
		轴 N9	毂 Js9	轴和毂 P9	轴 H9	毂 D10						
1×1.4×4	1						1.0		0.6			
1.5×2.6×7	1.5						2.0		0.8			
2.0×2.6×7	2						1.8	+0.1 0	1.0			
2.0×3.7×10	2	−0.004 −0.029	±0.0125	−0.006 −0.031	+0.025 0	+0.060 +0.020	2.9		1.0		0.16	0.08
2.5×3.7×10	2.5						2.7		1.2			
3.0×5.0×12	3						3.8		1.4			
3.0×6.5×16	3						5.3		1.4	+0.1 0		
4.0×6.5×16	4						5.0	+0.2 0	1.8			
4.0×7.5×19	4						6.0		1.8			
5.0×6.5×16	5						4.5		2.3			
5.0×7.5×19	5	0 −0.030	±0.015	−0.012 −0.042	+0.030 0	+0.078 +0.030	5.5		2.3		0.25	0.16
5.0×9.0×22	5						7.0		2.3			
6.0×9.0×22	6						6.5		2.8			
6.0×10.0×25	6						7.5	+0.3 0	2.8			
8.0×11.0×28	8	0 −0.036	±0.018	−0.015 −0.051	+0.036 0	+0.098 +0.040	8.0		3.3	+0.2 0	0.40	0.25
10.0×13.0×32	10						10		3.3			

12.4　销联接

1. 圆柱销（见表 12-11）

表 12-11　圆柱销　（单位：mm）

标记示例：

公称直径 $d=6$mm、其公差为 m6、公称长度 $l=30$mm、材料为钢、不经淬火、不经表面处理的圆柱销：销　GB/T 119.1　6m6×30

d m6/h8	0.6	0.8	1	1.2	1.5	2	2.5	3	4	5	6	8	10	12	16	20	25	30	40	50
c	0.12	0.16	0.2	0.3	0.3	0.35	0.4	0.5	0.63	0.8	1.2	1.6	2	2.5	3	3.5	4	5	6.3	8
商品规格 l	2～6	2～8	4～10	4～12	4～16	6～20	6～24	8～30	8～40	10～50	12～60	14～80	18～95	22～140	26～180	35～200	50～200	60～200	80～200	95～200

（续）

1m 长的重量 /kg	0.002	0.004	0.006	—	0.014	0.024	0.037	0.054	0.097	0.147	0.221	0.395	0.611	0.887	1.57	2.42	3.83	5.52	9.64	15.2
l 系列	2，3，4，5，6，8，10，12，14，16，18，20，22，24，26，28，30，32，35，40，45，50，55，60，65，70，75，80，85，90，95，100，120，140，160，180，200																			

技术条件	材料	GB/T 119.1—2000　钢：奥氏体不锈钢 A1。GB/T 119.2—2000　钢：A 型，普通淬火；B 型：表面淬火；马氏体不锈钢 C1
	表面粗糙度	GB/T 119.1—2000　公差 m6：$Ra \leqslant 0.8\mu m$；　h8：$Ra \leqslant 1.6\mu m$；　GB/T 119.2—2000　$Ra \leqslant 0.8\mu m$；
	表面处理	钢：不经处理；氧化；磷化；镀锌钝化 不锈钢：简单处理 其他表面镀层或表面处理由供需双方协议。所有公差仅适用于涂、镀前的公差

2. 圆锥销（见表 12-12）

表 12-12　圆锥销　　（单位：mm）

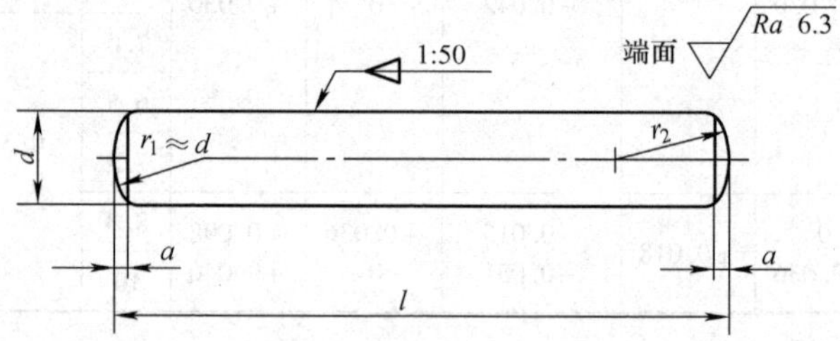

圆锥销（GB/T 117—2000）

A 型（磨削）：锥面表面粗糙度值 $Ra = 0.8\mu m$

B 型（切削或冷镦）：锥面表面粗糙度值 $Ra = 0.8\mu m$

标记示例：

公称直径 d = 6mm、公称长度 l = 30mm、材料为 35 钢、热处理硬度 28 ~ 38HRC、表面氧化处理 A 型圆锥销的标记：销　GB/T 117　6×30

d h10	0.6	0.8	1	1.2	1.5	2	2.5	3	4	5	6	8	10	12	16	20	25	30	40	50
a	0.08	0.1	0.12	0.16	0.2	0.25	0.3	0.4	0.5	0.63	0.8	1	1.2	1.6	2	2.5	3	4	5	6.3
商品规格 l	4 ~ 8	5 ~ 12	6 ~ 16	6 ~ 20	8 ~ 24	10 ~ 35	10 ~ 35	12 ~ 45	14 ~ 55	18 ~ 60	22 ~ 90	22 ~ 120	26 ~ 160	32 ~ 180	40 ~ 200	45 ~ 200	50 ~ 200	55 ~ 200	60 ~ 200	65 ~ 200
l 系列	2，3，4，5，6，8，10，12，14，16，18，20，22，24，26，28，30，32，35，40，45，50，55，60，65，70，75，80，85，90，95，100，120，140，160，180，200																			
技术条件	易切钢：Y12、Y15；碳素钢：35、45；合金钢：30CrMnSiA；不锈钢：1Cr13、2Cr13、Cr17Ni2、0Cr18Ni9Ti																			
	钢：不经处理；氧化；磷化；镀锌钝化。不锈钢：简单处理。其他表面镀层或表面处理：由供需双方协议。所有公差仅适用于涂、镀前的公差																			

12.5　吊环螺钉（见表 12-13）

表 12-13　吊环螺钉（GB/T825—1988 摘录）　　（单位：mm）

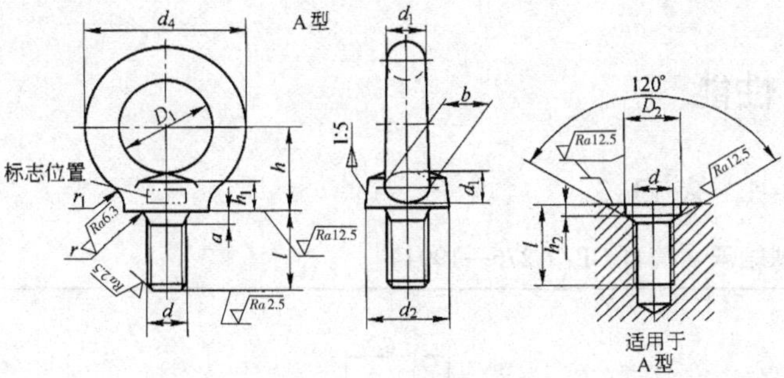

标记示例：

规格为20mm，材料为20钢，经正火处理，不经表面处理的A型吊环螺钉的标记为：

螺钉　GB/T825M20

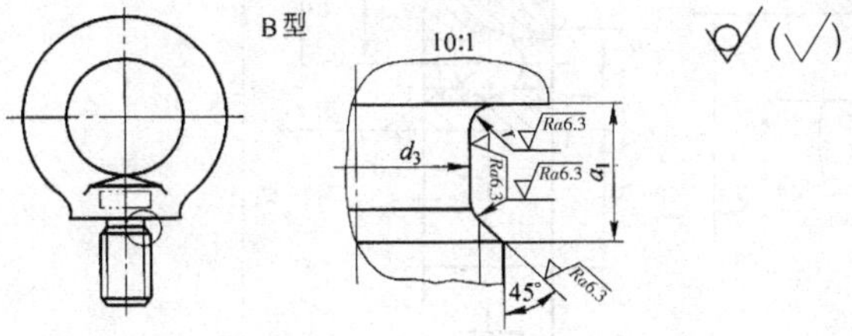

单螺起吊　　单螺起吊

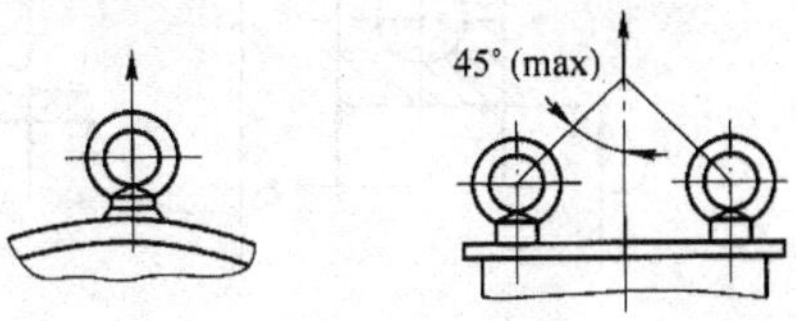

螺纹规格 d		M8	M10	M12	M16	M20	M24	M30	M36	M42	M48
d_1	max	9.1	11.1	13.1	15.2	17.4	21.4	25.7	30	34.4	40.7
	min	7.6	9.6	11.6	13.6	15.6	19.6	23.5	27.5	31.2	37.1
D_1	公称	20	24	28	34	40	48	56	67	80	95
d_2	max	21.1	25.1	29.1	35.2	41.4	49.4	57.7	69	82.4	97.7
h_1	max	7	9	11	13	15.1	19.1	23.2	27.4	31.7	36.9
l	公称	16	20	22	28	35	40	45	55	65	70
d_4	参考	36	44	52	62	72	88	104	123	144	171
h		18	22	26	31	36	44	53	63	74	87
D_2	公称（min）	13	15	17	22	28	32	38	45	52	60
d_3	公称（max）	6	7.7	9.4	13	16.4	19.6	25	30.8	35.6	41
a	max	2.5	3	3.5	4	5	6	7	8	9	10
b		10	12	14	16	19	24	28	32	38	46
最大起吊重量/t	单螺钉起吊（参见上图）	0.16	0.25	0.4	0.63	1	1.6	2.5	4	6.3	8
	双螺钉起吊（参见上图）	0.08	0.125	0.2	0.32	0.5	0.8	1.25	2	3.2	4

第 13 章　滚 动 轴 承

13.1　常用滚动轴承的尺寸及性能

常用滚动轴承的尺寸及性能见表 13-1 ~ 表 13-3。

表 13-1　深沟球轴承（摘自 GB/T 276—1994）

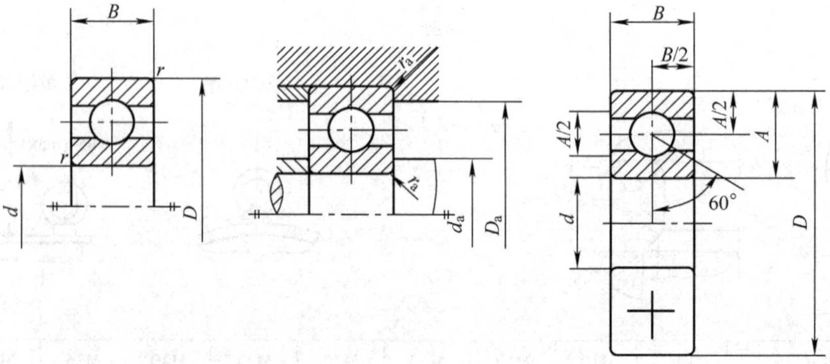

6000 型标准外形　　　安装尺寸　　　简化画法

标记示例：滚动轴承 6216　GB/T 276—1994

F_a/C_{0r}	e	Y	径向当量动负荷	径向当量静负荷
0.014	0.19	2.30	当 $\frac{F_a}{F_r} \leqslant e$，$P_r = F_r$； 当 $\frac{F_a}{F_r} > e$，$P_r = 0.56F_r + YF_a$	$P_{0r} = F_r$ $P_{0r} = 0.6F_r + 0.5F_a$ 取上列两式计算结果的较大值
0.028	0.22	1.99		
0.056	0.26	1.71		
0.084	0.28	1.55		
0.11	0.30	1.45		
0.17	0.34	1.31		
0.28	0.38	1.15		
0.42	0.42	1.04		
0.56	0.44	1.00		

轴承代号	基本尺寸/mm				安装尺寸/mm			基本额定载荷/kN		极限转速/r·min^{-1}	
	d	D	B	r_s min	d_a min	D_a max	r_{as} max	C_r	C_{0r}	脂润滑	油润滑
6000	10	26	8	0.3	12.4	23.6	0.3	4.58	1.98	20000	28000
6001	12	28	8	0.3	14.4	25.6	0.3	5.10	2.38	19000	26000

（续）

轴承代号	基本尺寸/mm				安装尺寸/mm			基本额定载荷/kN		极限转速/$r \cdot min^{-1}$	
	d	D	B	r_s min	d_a min	D_a max	r_{as} max	C_r	C_{0r}	脂润滑	油润滑
6002	15	32	9	0.3	17.4	29.6	0.3	5.58	2.85	17000	24000
6003	17	35	10	0.3	19.4	32.6	0.3	6.00	3.25	16000	22000
6004	20	42	12	0.6	25.0	38	0.6	9.38	5.02	13000	19000
6005	25	47	12	0.6	30	43	0.6	10.0	5.85	11000	17000
6006	30	55	13	1	36	50.0	1	13.2	8.30	10000	14000
6007	35	62	14	1	41	56	1	16.2	10.5	9000	12000
6008	40	68	15	1	46	62	1	17.0	11.8	8500	11000
6009	45	75	16	1	51	69	1	21.0	14.8	8000	10000
6010	50	80	16	1	56	74	1	22.0	16.2	7000	9000
6011	55	90	18	1.1	62	83	1	30.2	21.8	6300	8000
6012	60	95	18	1.1	67	89	1	31.5	24.2	6000	7500
6013	65	100	18	1.1	72	93	1	32.0	24.8	6000	7000
6014	70	110	20	1.1	77	103	1	38.5	30.5	5600	6700
6015	75	115	20	1.1	82	108	1	40.2	33.2	5300	6300
6016	80	125	22	1.1	87	118	1	47.5	39.8	5000	6000
6017	85	130	22	1.1	92	123	1	50.8	42.8	4500	5600
6018	90	140	24	1.5	99	131	1.5	58.0	49.8	4300	5300
6019	95	145	24	1.5	104	136	1.5	57.8	50.0	4000	5000
6020	100	150	24	1.5	109	141	1.5	64.5	56.2	3800	4800
6204	20	47	14	1	26	41	1	12.8	6.65	14000	18000
6205	25	52	15	1	31	46	1	14.0	7.88	12000	16000
6206	30	62	16	1	36	56	1	19.5	11.5	9500	13000
6207	35	72	17	1.1	42	65	1	25.5	15.2	8500	11000
6208	40	80	18	1.1	47	73	1	29.5	18.0	8000	10000
6209	45	85	19	1.1	52	78	1	31.5	20.5	7000	9000
6210	50	90	20	1.1	57	83	1	35.0	23.2	6700	8500
6211	55	100	21	1.5	64	91	1.5	43.2	29.2	6000	7500
6212	60	110	22	1.5	69	101	1.5	47.8	32.8	5600	7000
6213	65	120	23	1.5	74	111	1.5	57.2	40.0	5000	6300
6214	70	125	24	1.5	79	116	1.5	60.8	45.0	4800	6000
6215	75	130	25	1.5	84	121	1.5	66.0	49.5	4500	5600
6216	80	140	26	2	90	130	2	71.5	54.2	4300	5300
6217	85	150	28	2	95	140	2	83.2	63.8	4000	5000
6218	90	160	30	2	100	150	2	95.8	71.5	3800	4800

（续）

轴承代号	基本尺寸/mm				安装尺寸/mm			基本额定载荷/kN		极限转速/$r \cdot min^{-1}$	
	d	D	B	r_s min	d_a min	D_a max	r_{as} max	C_r	C_{0r}	脂润滑	油润滑
6219	95	170	32	2.1	107	158	2.1	110	82.8	3600	4500
6220	100	180	34	2.1	112	168	2.1	122	92.8	3400	4300
6304	20	52	15	1.1	27	45	1	15.8	7.88	13000	17000
6305	25	62	17	1.1	32	55	1	22.2	11.5	10000	14000
6306	30	72	19	1.1	37	65	1	27.0	15.2	9000	12000
6307	35	80	21	1.5	44	71	1.5	33.2	19.2	8000	10000
6308	40	90	23	1.5	49	81	1.5	40.8	24.0	7000	9000
6309	45	100	25	1.5	54	91	1.5	52.8	31.8	6300	8000
6310	50	110	27	2	60	100	2	61.8	38.0	6000	7500
6311	55	120	29	2	65	110	2	71.5	44.8	5300	6700
6312	60	130	31	2.1	72	118	2.1	81.8	51.8	5000	6300
6313	65	140	33	2.1	77	128	2.1	93.8	60.5	4500	5600
6314	70	150	35	2.1	82	138	2.1	105	68.0	4300	5300
6315	75	160	37	2.1	87	148	2.1	112	76.8	4000	5000
6316	80	170	39	2.1	92	158	2.1	122	86.5	3800	4800
6317	85	180	41	3	99	166	2.5	132	96.5	3600	4500
6318	90	190	43	3	104	176	2.5	145	108	3400	4300
6319	95	200	45	3	109	186	2.5	155	122	3200	4000
6320	100	215	47	3	114	201	2.5	172	140	2800	3600
6404	20	72	19	1.1	27	65	1	31.0	15.2	9500	13000
6405	25	80	21	1.5	34	71	1.5	38.2	19.2	8500	11000
6406	30	90	23	1.5	39	81	1.5	47.5	24.5	8000	10000
6407	35	100	25	1.5	44	91	1.5	56.8	29.5	6700	8500
6408	40	110	27	2	50	100	2	65.5	37.5	6300	8000
6409	45	120	29	2	55	110	2	77.5	45.5	5600	7000
6410	50	130	31	2.1	62	118	2.1	92.2	55.2	5300	6700
6411	55	140	33	2.1	67	128	2.1	100	62.5	4800	6000
6412	60	150	35	2.1	72	138	2.1	108	70.0	4500	5600
6413	65	160	37	2.1	77	148	2.1	118	78.5	4300	5300
6414	70	180	42	3	84	166	2.5	140	99.5	3800	4800
6415	75	190	45	3	89	176	2.5	155	115	3600	4500
6416	80	200	48	3	94	186	2.5	162	125	3400	4300
6417	85	210	52	4	103	192	3	175	138	3200	4000
6418	90	225	54	4	108	207	3	192	158	2800	3600
6420	100	250	58	4	118	232	3	222	195	2400	3200

表 13-2　角接触球轴承（摘自 GB/T 292—2007）

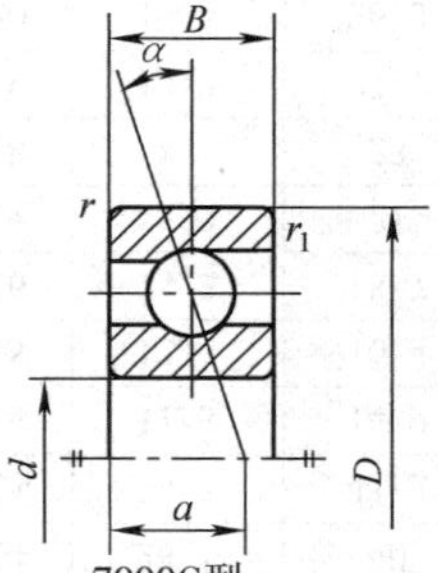

7000C型
7000AC型
标准外形

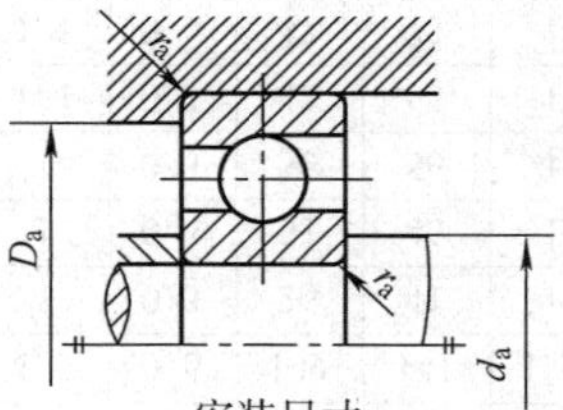

安装尺寸

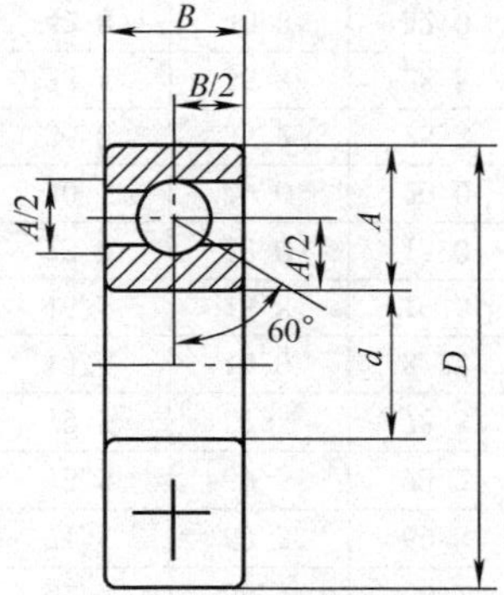

简化画法

标记示例：滚动轴承 7205C　GB/T 292—2007

当量负荷 \ 类型	7000C	7000AC
径向当量动载荷	当 $\frac{F_a}{F_r} \leqslant e$，$P_r = F_r$； 当 $\frac{F_a}{F_r} > e$，$P_r = 0.44F_r + YF_a$	当 $\frac{F_a}{F_r} \leqslant 0.68$，$P_r = F_r$； 当 $\frac{F_a}{F_r} > 0.68$，$P_r = 0.41F_r + 0.87F_a$
径向当量静载荷	$P_{0r} = F_r$ $P_{0r} = 0.5F_r + 0.46F_a$ 取上列两式计算结果的较大值	$P_{0r} = F_r$ $P_{0r} = 0.5F_r + 0.38F_a$ 取上列两式计算结果的较大值

轴承代号		基本尺寸/mm							安装尺寸/mm			基本额定动载荷 C_r/kN		基本额定静载荷 C_{0r}/kN		极限转速/$r \cdot min^{-1}$	
		d	D	B	a 7000C	a 7000AC	r_s min	r_{1s} min	d_a min	D_a max	r_{as} max	7000C	7000AC	7000C	7000AC	脂润滑	油润滑
7000C	7000C	10	26	8	6.4	8.2	0.3	0.1	12.4	23.6	0.3	4.92	4.75	2.25	2.12	19000	28000
7001C	7001C	12	28	8	6.7	8.7	0.3	0.1	14.4	25.6	0.3	5.42	5.20	2.65	2.55	18000	26000
7002C	7002C	15	32	9	7.6	10	0.3	0.1	17.4	29.6	0.3	6.25	5.95	3.42	3.25	17000	24000

（续）

轴承代号		基本尺寸/mm							安装尺寸/mm			基本额定动载荷 C_r/kN		基本额定静载荷 C_{0r}/kN		极限转速/$r\cdot min^{-1}$	
		d	D	B	a		r_s	r_{1s}	d_a	D_a	r_{as}	7000C	7000AC	7000C	7000AC	脂润滑	油润滑
					7000C	7000AC	min	min	min	max	max						
7003C	7003C	17	35	10	8.5	11.1	0.3	0.1	19.4	32.6	0.3	6.60	6.30	3.85	3.68	16000	22000
7004C	7004C	20	42	12	10.2	13.2	0.6	0.3	25	37	0.6	10.5	10.0	6.08	5.78	14000	19000
7005C	7005C	25	47	12	10.8	14.4	0.6	0.3	30	42	0.6	11.5	11.2	7.45	7.08	12000	17000
7006C	7006C	30	55	13	12.2	16.4	1	0.3	36	49	1	15.2	14.5	10.2	9.85	9500	14000
7007C	7007C	35	62	14	13.5	18.3	1	0.3	41	56	1	19.5	18.5	14.2	13.5	8500	12000
7008C	7008C	40	68	15	14.7	20.1	1	0.3	46	62	1	20.0	19.0	15.2	14.5	8000	11000
7009C	7009C	45	75	16	16	21.9	1	0.3	51	69	1	25.8	25.8	20.5	19.5	7500	10000
7010C	7010C	50	80	16	16.7	23.2	1	0.3	56	74	1	26.5	25.2	22.0	21.0	6700	9000
7011C	7011C	55	90	18	18.7	25.9	1.1	0.6	62	83	1	37.2	35.2	30.5	29.2	6000	8000
7012C	7012C	60	95	18	19.4	27.1	1.1	0.6	67	88	1	38.2	36.2	32.8	31.5	5600	7500
7013C	7013C	65	100	18	20.1	28.2	1.1	0.6	72	93	1	40.0	38.0	35.5	33.8	5300	7000
7014C	7014C	70	110	20	22.1	30.9	1.1	0.6	77	103	1	48.2	45.8	43.5	41.5	5000	6700
7015C	7015C	75	115	20	22.7	32.2	1.1	0.6	82	108	1	49.5	46.8	46.5	44.2	4800	6300
7016C	7016C	80	125	22	24.7	34.9	1.1	0.6	87	118	1	58.5	55.5	55.8	53.2	4500	6000
7017C	7017C	85	130	22	25.4	36.1	1.1	0.6	92	123	1	62.5	59.2	60.2	57.2	4300	5600
7018C	7018C	90	140	24	27.4	38.8	1.5	0.6	99	131	1.5	71.5	67.5	69.8	66.5	4000	5300
7019C	7019C	95	145	24	28.1	40	1.5	0.6	104	136	1.5	73.5	69.5	73.2	69.8	3800	5000
7020C	7020C	100	150	24	28.7	41.2	1.5	0.6	109	141	1.5	79.5	75	78.5	74.8	3800	5000
7204C	7204AC	20	47	14	11.5	14.9	1	0.3	26	41	1	14.5	14.0	8.22	7.82	13000	18000
7205C	7205AC	25	52	15	12.7	16.4	1	0.3	31	46	1	16.5	15.8	10.5	9.88	11000	16000
7206C	7206AC	30	62	16	14.2	18.7	1	0.3	36	56	1	23.0	22.0	15.0	14.2	9000	13000
7207C	7207AC	35	72	17	15.7	21	1.1	0.3	42	65	1	30.5	29.0	20.0	19.2	8000	11000
7208C	7208AC	40	80	18	17	23	1.1	0.6	47	73	1	36.8	35.2	25.8	24.5	7500	10000
7209C	7209AC	45	85	19	18.2	24.7	1.1	0.6	52	78	1	38.5	36.8	28.5	27.2	6700	9000
7210C	7210AC	50	90	20	19.4	26.3	1.1	0.6	57	83	1	42.8	40.8	32.0	30.5	6300	8500
7211C	7211AC	55	100	21	20.9	28.6	1.5	0.6	64	91	1.5	52.8	50.5	40.5	38.5	5600	7500

（续）

轴承代号		基本尺寸/mm							安装尺寸/mm			基本额定动载荷 C_r/kN		基本额定静载荷 C_{0r}/kN		极限转速/r·min^{-1}	
		d	D	B	a		r_s	r_{1s}	d_a	D_a	r_{as}	7000C	7000AC	7000C	7000AC	脂润滑	油润滑
					7000C	7000AC	min	min	min	max	max						
7212C	7212AC	60	110	22	22.4	30.8	1.5	0.6	69	101	1.5	61.0	58.2	48.5	46.2	5300	7000
7213C	7213AC	65	120	23	24.2	33.5	1.5	0.6	74	111	1.5	69.8	66.5	55.2	52.5	4800	6300
7214C	7214AC	70	125	24	25.3	35.1	1.5	0.6	79	116	1.5	70.2	69.2	60.0	57.5	4500	6700
7215C	7215AC	75	130	25	26.4	36.6	1.5	0.6	84	121	1.5	79.2	75.2	65.8	63.0	4300	5600
7216C	7216AC	80	140	26	27.7	38.9	2	1	90	130	2	89.5	85.0	78.2	74.5	4000	5300
7217C	7217AC	85	150	28	29.9	41.6	2	1	95	140	2	99.8	94.8	85.0	81.5	3800	5000
7218C	7218AC	90	160	30	31.7	44.2	2	1	100	150	2	122	118	105	100	3600	4800
7219C	7219AC	95	170	32	33.8	46.9	2.1	1.1	107	158	2.1	135	128	115	108	3400	4500
7220C	7220AC	100	180	34	35.8	49.7	2.1	1.1	112	168	2.1	148	142	128	122	3200	4300
7304C	7304AC	20	52	15	11.3	16.8	1.1	0.6	27	45	1	14.2	13.8	9.68	9.10	12000	17000
7305C	7305AC	25	62	17	13.1	19.1	1.1	0.6	32	55	1	21.5	20.8	15.8	14.8	9500	14000
7306C	7306AC	30	72	19	15	22.2	1.1	0.6	37	65	1	26.5	25.2	19.8	18.5	8500	12000
7307C	7307AC	35	80	21	16.6	24.5	1.5	0.6	44	71	1.5	34.2	32.8	26.8	24.8	7500	10000
7308C	7308AC	40	90	23	18.5	27.5	1.5	0.6	49	81	1.5	40.2	38.5	32.3	30.5	6700	9000
7309C	7309AC	45	100	25	20.2	30.2	1.5	0.6	54	91	1.5	49.2	47.5	39.8	37.2	6000	8000
7310C	7310AC	50	110	27	22	33	2	1	60	100	2	53.5	55.5	47.2	44.5	5600	7500
7311C	7311AC	55	120	29	23.8	35.8	2	1	65	110	2	70.5	67.2	60.5	56.8	5000	6700
7312C	7312AC	60	130	31	25.6	38.7	2.1	1.1	72	118	2.1	80.5	77.8	70.2	65.8	4800	6300
7313C	7313AC	65	140	33	27.4	41.5	2.1	1.1	77	128	2.1	91.5	89.8	80.5	75.5	4300	5600
7314C	7314AC	70	150	35	29.2	44.3	2.1	1.1	82	138	2.1	102	98.5	91.5	86.0	4000	5300
7315C	7315AC	75	160	37	31	47.2	2.1	1.1	87	148	2.1	112	108	105	97.0	3800	5000
7316C	7316AC	80	170	39	32.8	50	2.1	1.1	92	158	2.1	122	118	118	108	3600	4800
7317C	7317AC	85	180	41	34.6	52.8	3	1.1	99	166	2.5	132	125	128	122	3400	4500
7318C	7318AC	90	190	43	36.4	55.6	3	1.1	104	176	2.5	142	135	142	135	3200	4300
7319C	7319AC	95	200	45	8.2	58.5	3	1.1	109	186	2.5	152	145	158	148	3000	4000
7320C	7320AC	100	215	47	40.2	61.9	3	1.1	114	201	2.5	162	165	175	178	2600	3600

表 13-3　圆锥滚子轴承（摘自 GB/T 297—1994）

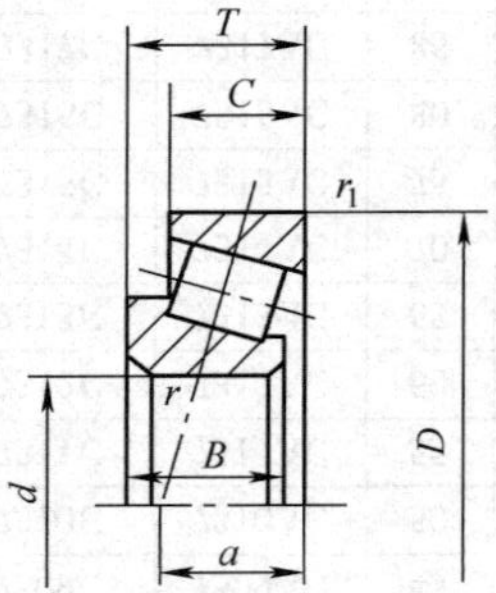

30000 型标准外形

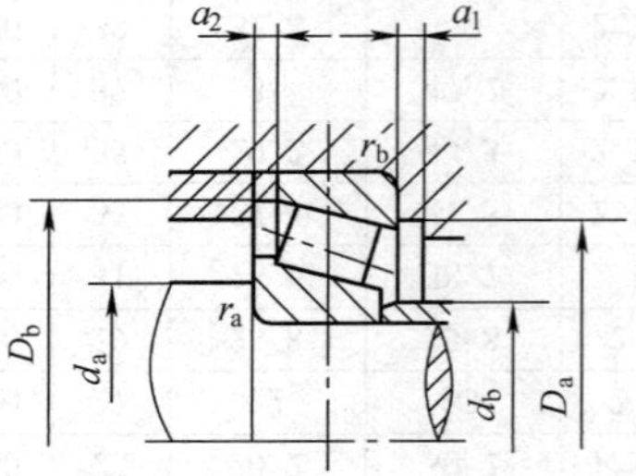

安装尺寸

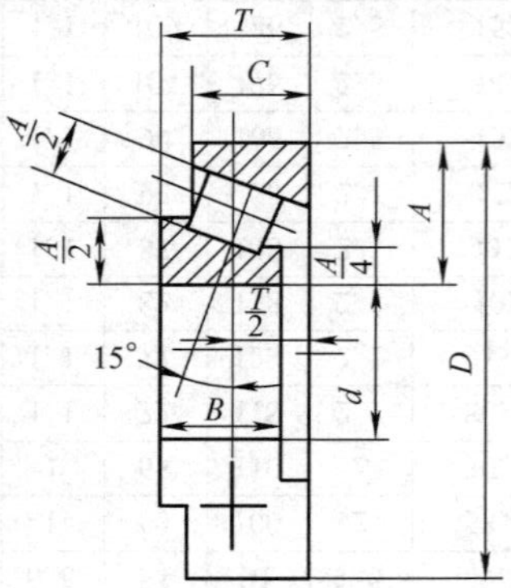

简化画法

径向当量动载荷：当 $\frac{F_a}{F_r} \leqslant e$，$P_r = F_r$；当 $\frac{F_a}{F_r} > e$，$P_r = 0.4F_r + YF_a$

径向当量静载荷：$P_0 = 0.5F_r + Y_0F_a$；当 $P_0 < F_r$，则取 $P_0 = F_r$

标记示例：滚动轴承　30308　GB/T 297—1994

轴承代号	尺寸/mm								安装尺寸/mm								计算系数			基本额定负载/kN		极限转速 /r · min^{-1}	
	d	D	T	B	C	$a\approx$	r_s min	r_{1s} min	d_a min	d_b max	D_a max	D_b min	a_1 min	a_2 min	r_{as} max	r_{bs} max	e	Y	Y_0	C_r	C_{0r}	脂润滑	油润滑
30203	17	40	13.25	12	11	9.9	1	1	23	23	34	37	2	2.5	1	1	0.35	1.7	1	20.8	21.8	9000	12000
30204	20	47	15.25	14	12	11.2	1	1	26	27	41	43	2	3.5	1	1	0.35	1.7	1	28.2	30.5	8000	10000
30205	25	52	16.25	15	13	12.5	1	1	31	31	46	48	2	3.5	1	1	0.37	1.6	0.9	32.2	37.0	7000	9000
30206	30	62	17.25	16	14	13.8	1	1	36	37	56	58	2	3.5	1	1	0.37	1.6	0.9	43.2	50.5	6000	7500
30207	35	72	18.25	17	15	15.3	1.5	1.5	42	44	65	67	3	3.5	1.5	1.5	0.37	1.6	0.9	54.2	63.5	5300	6700
30208	40	80	19.75	18	16	16.9	1.5	1.5	47	49	73	75	3	4	1.5	1.5	0.37	1.6	0.9	63.0	74.0	5000	6300
30209	45	85	20.75	19	16	18.6	1.5	1.5	52	53	78	80	3	5	1.5	1.5	0.4	1.5	0.8	67.8	83.5	4500	5600
30210	50	90	21.75	20	17	20	1.5	1.5	57	58	83	86	3	5	1.5	1.5	0.42	1.4	0.8	73.2	92.0	4300	5300
30211	55	100	22.75	21	18	21	2	1.5	64	64	91	95	4	5	2	1.5	0.4	1.5	0.8	90.8	115	3800	4800

（续）

轴承代号	尺寸/mm								安装尺寸/mm								计算系数			基本额定负载/kN		极限转速/r·min^{-1}	
	d	D	T	B	C	$a\approx$	r_s min	r_{1s} min	d_a min	d_b max	D_a max	D_b min	a_1 min	a_2 min	r_{as} max	r_{bs} max	e	Y	Y_0	C_r	C_{0r}	脂润滑	油润滑
30212	60	110	23.75	22	19	22.3	2	1.5	69	69	101	103	4	5	2	1.5	0.4	1.5	0.8	102	130	3600	4500
30213	65	120	24.75	23	20	24	2	1.5	74	77	111	114	4	5	2	1.5	0.4	1.5	0.8	120	152	3200	4000
30214	70	125	26.25	24	21	25.8	2	1.5	79	81	116	119	4	5.5	2	1.5	0.42	1.4	0.8	132	175	3000	3800
30215	75	130	27.25	25	22	27.4	2	1.5	84	85	121	125	4	5.5	2	1.5	0.44	1.4	0.8	138	185	2800	3600
30216	80	140	28.25	26	22	28.1	2.5	2	90	90	130	133	4	6	2.1	2	0.42	1.4	0.8	160	212	2600	3400
30217	85	150	30.5	28	24	30.3	2.5	2	95	96	140	142	5	6.5	2.1	2	0.42	1.4	0.8	178	238	2400	3200
30218	90	160	32.5	30	26	32.3	2.5	2	100	102	150	151	5	6.5	2.1	2	0.42	1.4	0.8	200	270	2200	3000
30219	95	170	34.5	32	27	34.2	3	2.5	107	108	158	160	5	7.5	2.5	2.1	0.42	1.4	0.8	228	308	2000	2800
30220	100	180	37	34	29	36.4	3	2.5	112	114	168	169	5	8	2.5	2.1	0.42	1.4	0.8	255	350	1900	2600
30303	17	47	15.25	14	12	10.4	1	1	23	25	41	43	3	3.5	1	1	0.29	2.1	1.2	28.2	27.2	8500	11000
30304	20	52	16.25	15	13	11.1	1.5	1.5	27	28	45	48	3	3.5	1.5	1.5	0.3	2	1.1	33.0	33.2	7500	9500
30305	25	62	18.25	17	15	13	1.5	1.5	32	34	55	58	3	3.5	1.5	1.5	0.3	2	1.1	46.8	48.0	6300	8000
30306	30	72	20.75	19	16	15.3	1.5	1.5	37	40	65	66	3	5	1.5	1.5	0.31	1.9	1	59.0	63.0	5600	7000
30307	35	80	22.75	21	18	16.8	2	1.5	44	45	71	74	3	5	2	1.5	0.31	1.9	1	75.2	82.5	5000	6300
30308	40	90	25.25	23	20	19.5	2	1.5	49	52	81	84	3	5.5	2	1.5	0.35	1.7	1	90.8	108	4500	5600
30309	45	100	27.25	25	22	21.3	2	1.5	54	59	91	94	3	5.5	2	1.5	0.35	1.7	1	108	130	4000	5000
30310	50	110	29.25	27	23	23	2.5	2	60	65	100	103	4	6.5	2.1	2	0.35	1.7	1	130	158	3800	4800
30311	55	120	31.5	29	25	25	2.5	2	65	70	110	112	4	6.5	2.1	2	0.35	1.7	1	152	188	3400	4300

（续）

轴承代号	尺寸/mm								安装尺寸/mm								计算系数			基本额定负载/kN		极限转速/r · min^{-1}	
	d	D	T	B	C	$a\approx$	r_s min	r_{1s} min	d_a min	d_b max	D_a max	D_b min	a_1 min	a_2 min	r_{as} max	r_{bs} max	e	Y	Y_0	C_r	C_{0r}	脂润滑	油润滑
30312	60	130	33.5	31	26	26.5	3	2.5	72	76	118	121	5	7.5	2.5	2.1	0.35	1.7	1	170	210	3200	4000
30313	65	140	36	33	28	29	3	2.5	77	83	128	131	5	8	2.5	2.1	0.35	1.7	1	195	242	2800	3600
30314	70	150	38	35	30	30.7	3	2.5	82	89	138	141	5	8	2.5	2.1	0.35	1.7	1	218	272	2600	3400
30315	75	160	40	37	31	32	3	2.5	87	95	148	150	5	9	2.5	2.1	0.35	1.7	1	252	318	2400	3200
30316	80	170	42.5	39	33	34.4	3	2.5	92	102	158	160	5	9.5	2.5	2.1	0.35	1.7	1	278	352	2200	3000
30317	85	180	44.5	41	34	36	4	3	99	107	166	168	6	10.5	3	2.5	0.35	1.7	1	305	388	2000	2800
30318	90	190	46.5	43	36	37.5	4	3	104	113	176	178	6	10.5	3	2.5	0.35	1.7	1	342	440	1900	2600
30319	95	200	49.5	45	38	40.1	4	3	109	118	186	185	6	11.5	3	2.5	0.35	1.7	1	370	478	1800	2400
30320	100	215	51.5	47	39	42.2	4	3	114	127	201	199	6	12.5	3	2.5	0.35	1.7	1	405	525	1600	2000
32206	30	62	21.25	20	17	15.6	1	1	36	36	56	58	3	4.5	1	1	0.37	1.6	0.9	51.8	63.8	6000	7500
32207	35	72	24.25	23	19	17.9	1.5	1.5	42	42	65	68	3	5.5	1.5	1.5	0.37	1.6	0.9	70.5	89.5	5300	6700
32208	40	80	24.75	23	19	19	1.5	1.5	47	48	73	75	3	6	1.5	1.5	0.37	1.6	0.9	77.8	97.2	5000	6300
32209	45	85	24.75	23	19	20	1.5	1.5	52	53	78	81	3	6	1.5	1.5	0.4	1.5	0.8	80.8	105	4500	5600
32210	50	90	24.75	23	19	21	1.5	1.5	57	57	83	86	3	6	2	1.5	0.42	1.4	0.8	82.8	108	4300	5300
32211	55	100	26.75	25	21	22.8	2	1.5	64	62	91	96	4	6	2	1.5	0.4	1.5	0.8	108	142	3800	4800
32212	60	110	29.75	28	24	24.9	2	1.5	69	68	101	105	4	6	2	1.5	0.4	1.5	0.8	132	180	3600	4500
32213	65	120	32.75	31	27	27.2	2	1.5	74	75	111	115	4	6	2	1.5	0.4	1.5	0.8	160	222	3200	4000
32214	70	125	33.25	31	27	28.8	2	1.5	79	79	116	120	4	6.5	2	1.5	0.42	1.4	0.8	168	238	3000	3800
32215	75	130	33.25	31	27	30	2	1.5	84	84	121	126	4	6.5	2.1	1.5	0.44	1.4	0.8	170	242	2800	3600

（续）

轴承代号	尺寸/mm								安装尺寸/mm								计算系数			基本额定负载/kN		极限转速/r·min^{-1}	
	d	D	T	B	C	$a\approx$	r_s min	r_{1s} min	d_a min	d_b max	D_a max	D_b min	a_1 min	a_2 min	r_{as} max	r_{bs} max	e	Y	Y_0	C_r	C_{0r}	脂润滑	油润滑
32216	80	140	35.25	33	28	31.3	2.5	2	90	89	130	135	5	7.5	2.1	2	0.42	1.4	0.8	198	278	2600	3400
32217	85	150	38.5	36	30	34	2.5	2	95	95	140	143	5	8.5	2.1	2	0.42	1.4	0.8	228	325	2400	3200
32218	90	160	42.5	40	34	36.7	2.5	2	100	101	150	153	5	8.5	2.5	2	0.42	1.4	0.8	270	395	2200	3000
32219	95	170	45.5	43	37	39.2	3	2.5	107	106	158	163	5	8.5	2.5	2.1	0.42	1.4	0.8	302	448	2000	2800
32220	100	180	49	46	39	41.8	3	2.5	112	113	168	172	5	10	2.5	2.1	0.42	1.4	0.8	304	512	1900	2600
32303	17	47	20.25	19	16	12	1	1	23	24	41	43	3	4.5	1	1	0.29	2.1	1.2	35.2	36.2	8500	11000
32304	20	52	22.25	21	18	13.4	1.5	1.5	27	26	45	48	3	4.5	1.5	1.5	0.3	2	1.1	42.8	46.2	7500	9500
32305	25	62	25.25	24	20	15.5	1.5	1.5	32	32	55	58	3	5.5	1.5	1.5	0.3	2	1.1	61.5	68.8	6300	8000
32306	30	72	28.75	27	23	18.8	1.5	1.5	37	38	65	66	4	6	1.5	1.5	0.31	1.9	1	81.5	96.5	5600	7000
32307	35	80	32.75	31	25	20.5	2	1.5	44	43	71	74	4	8	2	1.5	0.31	1.9	1	99.0	118	5000	6300
32308	40	90	35.25	33	27	23.4	2	1.5	49	49	81	83	4	8.5	2	1.5	0.35	1.7	1	115	148	4500	5600
32309	45	100	38.25	36	30	25.6	2	1.5	54	56	91	93	4	8.5	2	1.5	0.35	1.7	1	145	188	4000	5000
32310	50	110	42.25	40	33	28	2.5	2	60	61	100	102	5	9.5	2.1	2	0.35	1.7	1	178	235	3800	4800
32311	55	120	45.5	43	35	30.6	2.5	2	65	66	110	111	5	10.5	2.1	2	0.35	1.7	1	202	270	3400	4300
32312	60	130	48.5	46	37	32	3	2.5	72	72	118	122	6	11.5	2.5	2.1	0.35	1.7	1	228	302	3200	4000
32313	65	140	51	48	39	34	3	2.5	77	79	128	131	6	12	2.5	2.1	0.35	1.7	1	260	350	2800	3600
32314	70	150	54	51	42	36.5	3	2.5	82	84	138	141	6	12	2.5	2.1	0.35	1.7	1	298	408	2600	3400
32315	75	160	58	55	45	39	3	2.5	87	91	148	150	7	13	2.5	2.1	0.35	1.7	1	348	482	2400	3200
32316	80	170	61.5	58	48	42	3	2.5	92	97	158	160	7	13.5	2.5	2.1	0.35	1.7	1	388	542	2200	3000
32317	85	180	63.5	60	49	43.6	4	3	99	102	166	168	8	14.5	3	2.5	0.35	1.7	1	422	592	2000	2800
32318	90	190	67.5	64	53	46	4	3	104	107	176	178	8	14.5	3	2.5	0.35	1.7	1	478	682	1900	2600
32319	95	200	71.5	67	55	49	4	3	109	114	186	187	8	16.5	3	2.5	0.35	1.7	1	515	738	1800	2400
32320	100	215	77.5	73	60	53	4	3	114	122	201	201	8	17.5	3	2.5	0.35	1.7	1	600	872	1600	2000

13.2　滚动轴承的公差与配合

1. 滚动轴承的公差等级（见表 13-4）

表 13-4　滚动轴承的公差等级及应用

<table>
<tr><th colspan="2" rowspan="2">级　别</th><th>向心轴承</th><th>圆锥滚子轴承</th><th>推力球、推力滚子轴承</th><th rowspan="2">应　用</th><th rowspan="2">说　明</th></tr>
<tr><th colspan="3">产品现有级别</th></tr>
<tr><td>0</td><td>普通级</td><td>✓</td><td>✓</td><td>✓</td><td>一般轴承用</td><td rowspan="5">1）一般轴承为 0 级，凡属 0 级的在轴承型号上不标公差等级
2）使用精密轴承时，只有轴和外壳的形位公差精度和表面粗糙度同轴承精度协调一致时，才能充分发挥其效能</td></tr>
<tr><td>6</td><td>高级</td><td>✓</td><td>6x</td><td>✓</td><td rowspan="4">机床主轴、精密机械、测量仪和高速机械等要求特别高的工作精度和运转平稳性的支承</td></tr>
<tr><td>5</td><td>精密级</td><td>✓</td><td>✓</td><td>✓</td></tr>
<tr><td>4</td><td>超精密级</td><td>✓</td><td>✓</td><td>✓</td></tr>
<tr><td>2</td><td>最精密级</td><td>✓</td><td></td><td></td></tr>
</table>

2. 滚动轴承的配合

为了防止轴承内圈与轴外圈同外壳孔在运转时产生不该有的相对滑动，必须选择正确的配合。通常轴与内圈采用适当的紧配合是防止轴与内圈相对滑动的最简单而有效的方法。特别是对于轴承的薄壁套圈，采用适当的紧配合可使轴承套圈在运转时受力均匀，以致轴承的承载能力得到充分的发挥。但是轴承的配合又不能太紧，因为内圈的弹性膨胀和外圈的收缩使轴承径向游隙减小以至完全消除，从而影响正常运转。

轴承内径 d 与轴的配合，取基孔制，但公差带位于零线下方，即上极限偏差为零，与一般基孔制相比，在同名配合之下，更易获得较为紧密的配合。外径 D 与外壳孔的配合取基轴制，其公差带与一般基轴制一样，位于零线下方，上极限偏差为零，但与一般公差制度相比，其公差带不完全一样。轴承与孔的配合与轴相比一般较松。向心轴承的区分及安装的公差代号详见表 13-5 ~ 表 13-7。

表 13-5　向心轴承承载的区分

载荷大小	轻载荷	正常载荷	重载荷
$\frac{P_r(径向当量动载荷)}{C_r(径向额定动载荷)}$	≤0.07	0.07 ~ 0.15	>0.15

表 13-6　安装向心轴承的轴公差代号

运转状态		载荷状态	深沟球轴承、调心球轴承和角接触球轴承	圆柱滚子轴承和圆锥滚子轴承	调心滚子轴承	公差带
说明	举例		轴承公称内径/mm			
旋转的内圈载荷及摆动载荷	一般通用机械、电动机、机床主轴、泵、内燃机、直齿轮传动装置、铁路机车车辆轴箱及破碎机等	轻载荷	≤18 18～100 100～200	— ≤40 40～140	— ≤40 40～100	h5 j6 k6
		正常载荷	≤18 18～100 100～140 140～200	— ≤40 40～100 100～140	— ≤40 40～65 65～100	j5，js5 k5 m5 m6
		重载荷	— —	50～140 140～200	50～100 100～140	n6 p6
固定的内圈载荷	静止轴上的各种轮子，张紧轮、绳轮、振动筛及惯性振动器	所有载荷	所有尺寸			f6 g6 h6 j6
仅有轴向载荷			所有尺寸			j6、js6

表 13-7　安装向心轴承的孔公差带代号

运转状态		载荷状态	其他状态	公差带	
说明	举例			球轴承	滚子轴承
固定的外圈载荷	一般机械、铁路机车车辆轴箱、电动机、泵、曲轴主轴承	轻、正常、重	轴向易移动，可采用剖分式外壳	H7、G7	
		冲击	轴向能移动，可采用整体或剖分式外壳	J7、Js7	
摆动载荷		轻、正常			
		正常、重	轴向不移动，采用整体式外壳	K7	
		冲击		M7	
旋转的外圈载荷	张紧滑轮，轮毂轴承	轻		J7	K7
		正常		K7、M7	M7、N7
		重		—	N7、P7

第 14 章　润滑与密封

14.1　润滑剂

常用润滑剂的主要性质和用途见表 14-1、表 14-2。

表 14-1　常用润滑油的主要性质和用途

名　　称	粘度牌号	运动粘度（40℃）/ mm^2/s	闪点/℃ 不低于	倾点/℃ 不高于	主要用途
全损耗系统用油（GB 443—1989）	L-AN5	4.14～5.06	80	-5	适用于机床、纺织机械、中小型电动机、风机、水泵、各种机械变速箱、手动加油传动部位及轴承等一般润滑点或润滑系统
	L-AN7	6.12～7.48	110		
	L-AN10	9.00～11.0	130		
	L-AN15	13.5～16.5			
	L-AN22	19.8～24.2	150		
	L-AN32	28.8～35.2			
	L-AN46	41.4～50.6	160		
	L-AN68	61.2～74.8			
	L-AN100	90～110	180		
	L-AN150	135～165			
工业闭式齿轮油（GB 5903—1995）	L-CKC68	61.2～74.8	180	-8	适用于煤炭、水泥、冶金工业部门大型封闭式齿轮传动装置的润滑
	L-CKC100	90～110			
	L-CKC150	135～165	200		
	L-CKC220	198～242			
	L-CKC320	288～352			
	L-CKC460	414～506			
	L-CKC680	612～748	220	-5	
普通开式齿轮油（SH/T 0363—1992）	68	60～75	200	—	适用于正常油温下轻载荷普通开式齿轮的润滑
	100	90～110			
	150	135～165			
	220	200～245	210		
	320	290～350			

（续）

名　称	粘度牌号	运动粘度（40℃）/ mm^2/s	闪点/℃ 不低于	倾点/℃ 不高于	主要用途
蜗轮蜗杆油（SH/T 0094—1991）	L-CKE220	198～242		−12	适用于正常油温下的蜗杆传动
	L-CKE320	288～352			
	L-CKE460	414～506			
	L-CKE680	612～748			
	L-CKE1000	900～1000			

表 14-2　常用润滑脂的性质和用途

种　类		滴点/℃ 不低于	工作锥入度 1/10mm	主要用途
钠基润滑脂（GB 492—1989）	ZN2	160	265～295	适用于工作温度为−10～110℃的中等负荷机械设备轴承润滑；不耐水（或潮湿）
	ZN3		220～250	
	ZN4	150	175～205	
通用锂基润滑脂（GB/T 7324—2010）	1号	170	310～340	适用于−20～120℃各种机械的滚动轴承、滑动轴承及其他摩擦部位的润滑
	2号	175	265～295	
	3号	180	220～250	
钙基润滑脂（GB/T 491—2008）	1号	80	310～340	适用于汽车、拖拉机、纺织机械、农业机械和各种机械设备的滚动轴承和易与水或潮气接触部位的润滑，使用温度范围为−10～60℃
	2号	85	265～295	
	3号	90	220～250	
	4号	95	175～205	
石墨钙基润滑脂（SH/T 0369—1992）		80	—	压延机的人字齿轮、汽车弹簧、起重机齿轮转盘、矿山机械、绞车和钢丝绳等高负荷、低转速的粗糙机械的润滑

14.2　密封装置

密封装置的类型及尺寸见表 14-3～表 14-7。

表 14-3　毡圈油封和沟槽尺寸（摘自 FZ/T 92010—1991）　　（单位：mm）

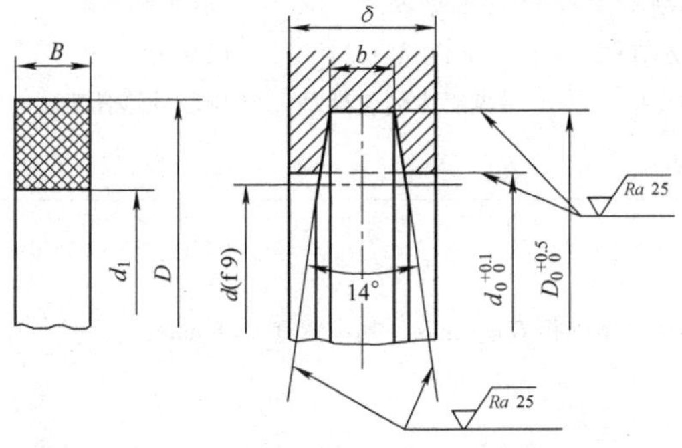

标记示例：

$d=50$mm 的毡圈油封：毡圈　50　FZ/T 92010—1991

（续）

轴径 d	毡圈				槽				
	D	d_1	B	质量/kg	D_0	d_0	b	δ_{min} 用于钢	δ_{min} 用于铸铁
15	29	14	6	0. 0010	28	16	5	10	12
20	33	19		0. 0012	32	21			
25	39	24	7	0. 0018	38	26	6	12	15
30	45	29		0. 0023	44	31			
35	49	34		0. 0023	48	36			
40	53	39		0. 0026	52	41			
45	61	44	8	0. 0040	60	46	7		
50	69	49		0. 0054	68	51			
55	74	53		0. 0060	72	56			
60	80	58		0. 0069	78	61			
65	84	63		0. 0070	82	66			
70	90	68		0. 0079	82	66			
75	94	73		0. 0080	92	77			
80	102	78	9	0. 011	100	82	8	15	18

注：毡圈油封适用于密封处线速度小于 $5\mathrm{m}\cdot\mathrm{s}^{-1}$ 的脂润滑场合，轴颈表面粗糙度值 Ra 不大于 1. 6μm。

表 14-4　旋转轴唇型密封圈基本尺寸（GB/T 13871. 1—2007）　（单位：mm）

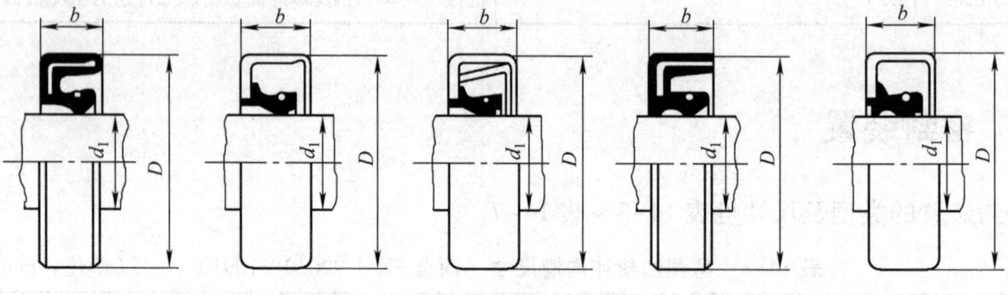

类型 1（B 型）内包骨架型　　类型 2（W 型）外露骨架型　　类型 3（Z 型）装配型　　类型 4（FB 型）带副唇内包骨架型　　类型 5（FW 型）带副唇外露骨架型

标记示例：

带副唇内包骨架型旋转轴唇形密封圈，轴径 $d=50\mathrm{mm}$，基本外径 $D=72\mathrm{mm}$，基本宽度 $b=8\mathrm{mm}$

FB 050 072 GB/T 13871. 1—2007

（续）

d_1	D	b	d_1	D	b	d_1	D	b
6	16，22		25	40，47，52		55	72，(75)，80	8
7	22		28	40，47，52	7	60	80，85	
8	22，24		30	42，47，(50)，52		65	85，90	
9	22					70	90，95	10
10	22，25		32	45，47，52		75	95，100	
12	24，25，30	7	35	50，52，55		80	100，110	
15	26，30，35		38	52，58，62		85	110，120	
16	30，(35)		40	55，(60)，62	8	90	(115)，120	12
18	30，35		42	55，62		95	120	
20	30，40，(45)		45	62，65		100	125	
22	35，40，47		50	68，(70)，72		105	(130)	

注：带括号的为国内用到，而 ISO 6194-1：1982 中没有的规格。

表 14-5　油沟式密封槽（JB/ZQ 4245—2006）　　（单位：mm）

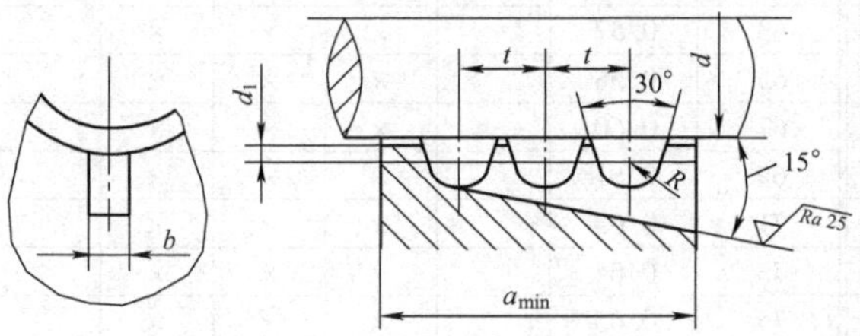

轴径 d	25 ~ 80	> 80 ~ 120	> 120 ~ 180	> 180	油沟数 n
R	1.5	2	2.5	3	2 ~ 4 个（使用最多的是 3 个）
t	4.5	6	7.5	9	
b	4	5	6	7	
d_1	$d+1$				
a_{min}	$a_{min}=nt+R$				

注：1. 表中 R、t、b 尺寸，在个别情况下，可用于与表中不相对应的轴径上。

2. 在 JB/ZQ 4245—2006 标准中称为迷宫式密封槽，为与教材一致，这里仍然称为油沟式密封槽。

表 14-6　迷宫式密封槽　　（单位：mm）

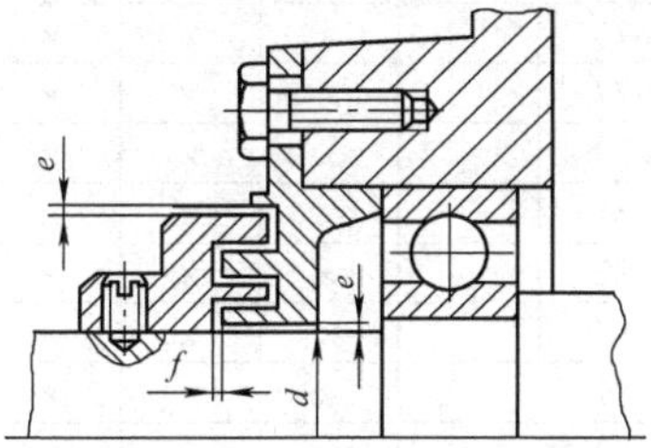

轴径 d	10 ~ 50	50 ~ 80	80 ~ 110	110 ~ 180
e	0.2	0.3	0.4	0.5
f	1	1.5	2	2.5

表 14-7　O 形橡胶密封圈（摘自 GB/T 3452.1—2005）　　（单位：mm）

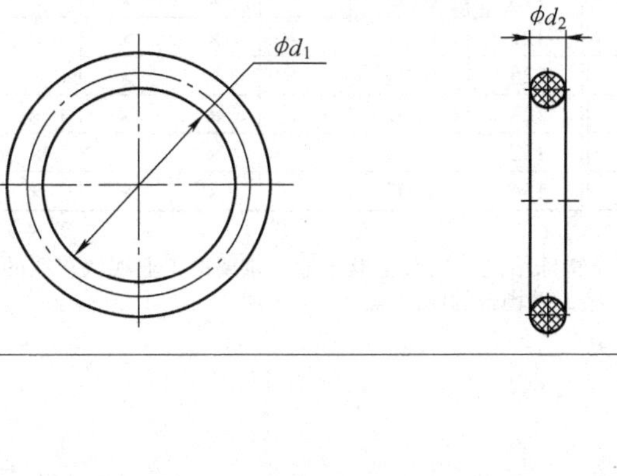

标记示例：

$d_1=20$mm，$d_2=2.65$mm，一般用途的 O 形圈（G 系列），等级代号为 S，其标记为：O 形圈 20 × 2.65 - G - S - GB/T 3452.1—2005

（续）

d_1		d_2					d_1		d_2				
尺寸	公差 ±	1.8 ± 0.08	2.65 ± 0.09	3.55 ± 0.10	5.3 ± 0.13	7 ± 0.15	尺寸	公差 ±	1.8 ± 0.08	2.65 ± 0.09	3.55 ± 0.10	5.3 ± 0.13	7 ± 0.15
9	0.18	×					41.2	0.42	×	×	×	×	
9.5	0.18	×					42.5	0.43	×	×	×	×	
9.75	0.18	×					43.7	0.44	×	×	×	×	
10	0.19	×					45	0.44	×	×	×	×	
10.6	0.19	×	×				46.2	0.45	×	×	×	×	
11.2	0.20	×	×				47.5	0.46	×	×	×	×	
11.6	0.20	×	×				48.7	0.47	×	×	×	×	
11.8	0.19	×	×				50	0.48	×	×	×	×	
12.1	0.21	×	×				51.5	0.49		×	×	×	
12.5	0.21	×	×				53	0.50		×	×	×	
12.8	0.21	×	×				54.5	0.51		×	×	×	
13.2	0.21	×	×				56	0.52		×	×	×	
14	0.22	×	×				58	0.54		×	×	×	
14.5	0.22	×	×				60	0.55		×	×	×	
15	0.22	×	×				61.5	0.56		×	×	×	
15.5	0.23	×	×				63	0.57		×	×	×	
16	0.23	×	×				65	0.58		×	×	×	
17	0.24	×	×				67	0.60		×	×	×	
18	0.25	×	×	×			69	0.61		×	×	×	
19	0.25	×	×	×			71	0.63		×	×	×	
20	0.26	×	×	×			73	0.64		×	×	×	
20.6	0.26	×	×	×			75	0.65		×	×	×	
21.2	0.27	×	×	×			77.5	0.67		×	×	×	
22.4	0.28	×	×	×			80	0.69		×	×	×	
23	0.29	×	×	×			82.5	0.71		×	×	×	
23.6	0.29	×	×	×			85	0.72		×	×	×	
24.3	0.30	×	×	×			87.5	0.74		×	×	×	
25	0.30	×	×	×			90	0.76		×	×	×	
25.8	0.31	×	×	×			92.5	0.77		×	×	×	
26.5	0.31	×	×	×			95	0.79		×	×	×	
27.3	0.32	×	×	×			97.5	0.81		×	×	×	
28	0.32	×	×	×			100	0.82		×	×	×	
29	0.33	×	×	×			103	0.85		×	×	×	
30	0.34	×	×	×			106	0.87		×	×	×	
31.5	0.35	×	×	×			109	0.89		×	×	×	×
32.5	0.36	×	×	×			112	0.91		×	×	×	×
33.5	0.36	×	×	×			115	0.93		×	×	×	×
34.5	0.37	×	×	×			118	0.95		×	×	×	×
35.5	0.38	×	×	×			122	0.97		×	×	×	×
36.5	0.38	×	×	×			125	0.99		×	×	×	×
37.5	0.39	×	×	×			128	1.01		×	×	×	×
38.7	0.40	×	×	×			132	1.04		×	×	×	×
40	0.41	×	×	×	×		136	1.07		×	×	×	×

注：1. 表中“×”表示包括的规格。

2. O 形橡胶密封圈分为 N 级（一般用途）、S 级（特殊用途，如航空航天业、重要的工业或汽车业的应用）、CS 级（关键用途，如航空航天业或医药业的一些关键场合的应用）。

第 15 章 联 轴 器

15.1 联轴器轴孔、键槽形式及尺寸

联轴器轴孔和键槽的形式、代号及系列尺寸见表 15-1。

表 15-1 联轴器轴孔和键槽的形式、代号及系列尺寸（摘自 GB/T 3852—2008）

	圆柱形轴孔（Y 型）	有沉孔的短圆柱形轴孔（J 型）	有沉孔的圆锥形轴孔（Z 型）	无沉孔的圆锥形轴孔（Z_1 型）
轴孔	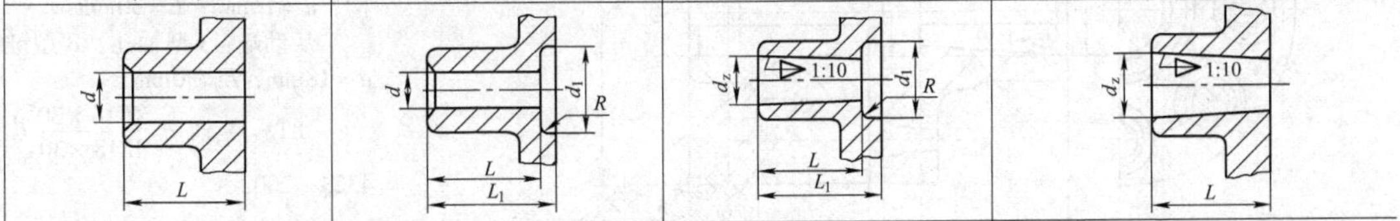			
键槽	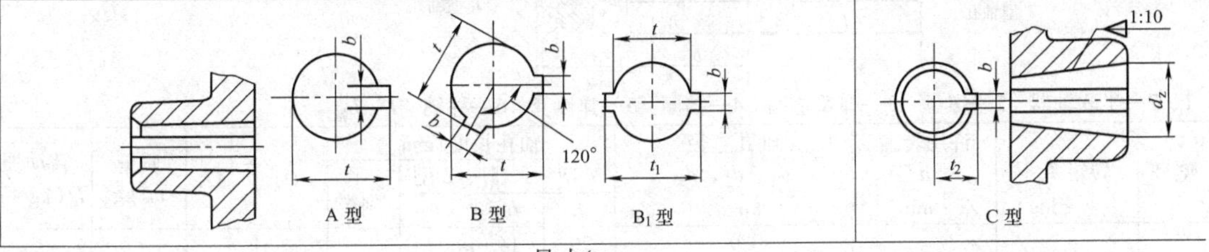			

尺寸/mm

直径 d		长度			沉孔尺寸		A 型、B 型、B_1 型键槽					
		L		L_1	d_1	R	b		t		t_1	
公称尺寸	极限偏差 H7	长系列	短系列				公称尺寸	极限偏差 P9	公称尺寸	极限偏差	公称尺寸	极限偏差
16	+0.018 0	42	30	42	38	1.5	5	-0.012 -0.042	18.3	+0.1 0	20.6	+0.2 0
18							6		20.8		23.6	
19	+0.021 0								21.8		24.6	
20		52	38	52					22.8		25.6	
22									24.8		27.6	
24							8	-0.015 -0.051	27.3	+0.2 0	30.6	+0.4 0
25		62	44	62	48				28.3		31.6	
28									31.3		34.6	
30		82	60	82	55				33.3		36.6	
32	+0.025 0	82	60	82		2.0	10		35.3		38.6	
35									38.3		41.6	
38		112	84	112	65				41.3		44.6	
40							12	-0.018 -0.061	43.3		46.6	
42									45.3		48.6	
45					80		14		48.8		52.6	
48									51.8		55.6	
50					95				53.8		57.6	
55	+0.030 0					2.5	16		59.3		63.6	
56									60.3		64.6	
60		142	107	142	105		18		64.4		68.8	
63									67.4		71.8	
65									69.4		73.8	
70					120		20	-0.022 -0.074	74.9		79.8	
71									75.9		80.8	
75									79.9		84.8	
80		172	132	172	140		22		85.4		90.8	
85	+0.035 0					3.0			90.4		95.8	
90		172	132	172	160		25		95.4		100.8	
95									100.4		105.8	
100		212	167	212	180		28		106.4		112.8	
110									116.4		122.8	

15.2　弹性联轴器

弹性联轴器具体尺寸见表 15-2 和表 15-3。

表 15-2　弹性套柱销联轴器（摘自 GB/T 4323—2002）

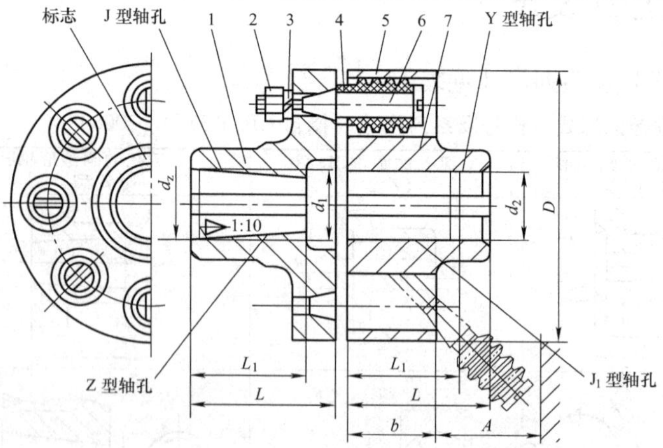

标记示例：

LT3 弹性套柱销联轴器

主动端：Z 型轴孔、C 型键槽，$d=16$mm，$L=30$mm

从动端：J 型轴孔、B 型键槽，$d=18$mm，$L=30$mm

LT3 联轴器 $\dfrac{ZC16\times30}{JB18\times30}$ GB/T 4323—2002

1、7—半联轴器　2—螺母　3—弹簧垫圈　4—挡圈　5—弹性套　6—柱销　L—$L_{推荐}$

型号	公称转矩 T_n/(N·m)	许用转速 [n] /r·min⁻¹	轴孔直径 d_1、d_2、d_z (mm)	轴孔长度/mm Y 型 L	J、J_1、Z 型 L_1	J、J_1、Z 型 L	$L_{推荐}$	D	A	质量 m/kg	转动惯量 I/(kg·m²)
LT1	6.3	8800	9	20	14	—	25	71	18	0.82	0.0005
			10，11	25	17						
			12，14	32	20						
LT2	16	7600	12，14				35	80		1.20	0.0008
			16，18，19	42	30	42					
LT3	31.5	6300	16，18，19				38	95	35	2.20	0.0023
			20，22	52	38	52					
LT4	63	5700	20，22，24				40	106		2.84	0.0037
			25，28	62	44	62					
LT5	125	4600	25，28				50	130	45	6.05	0.0120
			30，32，35	82	60	82					
LT6	250	3800	32，35，38				55	160		9.57	0.0280
			40，42	112	84	112					
LT7	500	3600	40，42，45，48				65	190		14.01	0.0550
LT8	710	3000	45，48，50，55，56				70	224	65	23.12	0.1340
			60，63	142	107	142					
LT9	1000	2850	50，55，56	112	84	112	80	250		30.69	0.2130
			60，63，65，70，71	142	107	142					
LT10	2000	2300	63，65，70，71，75				100	315	80	61.40	0.6600
			80，85，90，95	172	132	172					
LT11	4000	1800	80，85，90，95				115	400	100	120.70	2.1220
			100，110	212	167	212					
LT12	8000	1450	100，110，120，125				135	475	130	210.70	5.3900
			130	252	202	252					
LT13	16000	1150	120，125	212	167	212	160	600	180	419.36	17.5800
			130，140，150	252	202	252					
			160，170	302	242	302					

注：轴孔长度优选 $L_{推荐}$。

表 15-3 弹性柱销联轴器（摘自 GB/T 5014—2003）

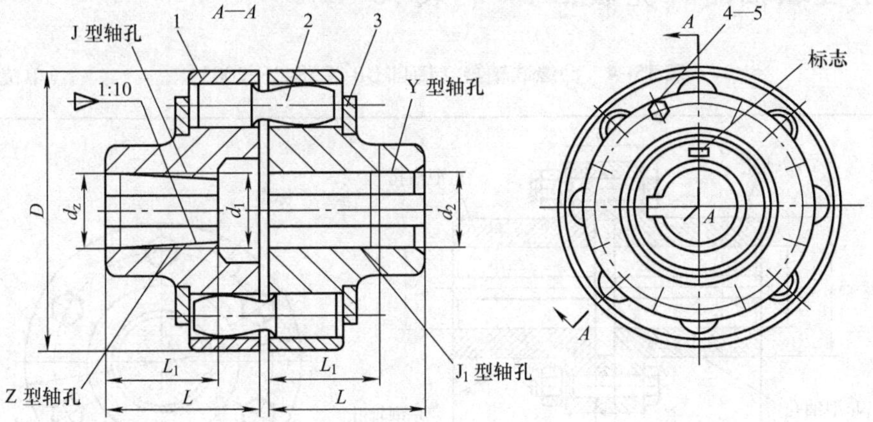

标记示例：

主动端：Z 型轴孔，C 型键槽，$d_z=75$mm，$L=107$mm，

从动端：J 型轴孔，B 型键槽，$d_1=70$mm，$L=107$mm，

LX7 联轴器$\frac{ZC75\times107}{JB70\times107}$GB/T 5014—2003

1—半联轴器 2—柱销 3—挡板 4—螺栓 5—挡圈

型号	公称转矩/N·m	许用转速/r·min^{-1}	轴孔直径 d_1、d_2、d_z	轴孔长度/mm Y 型	J、J_1、Z 型		D	质量/kg	转动惯量/kg·m^2	许用补偿量 径向 ΔY/mm	角向 Δα
				L	L	L_1					
LX1	250	8500	12,14	32	27	—	90	2	0.002	0.15	≤0°30′
			16,18,19	42	30	42					
			20,22,(24)	52	38	52					
LX2	560	6300	20,22,24				120	5	0.009		
			25,28	62	44	62					
			30,32,(35)	82	60	82					
LX3	1250	4750	30,32,35,38				160	8	0.026		
			40,42,(45),(48)	112	84	112					
LX4	2500	3870	40,42,45,48,50,55,56				195	22	0.109		
			(60),(63)	142	107	142					
LX5	3150	3450	50,55,56	112	84	112	220	30	0.191		
			60,63,65,70,(71),(75)	142	107	142					
LX6	6300	2720	60,63,65,70,71,75				280	53	0.543	0.20	
			80,(85)	172	132	172					
LX7	11200	2360	70,71,75	142	107	142	320	98	1.314		
			80,85,90,95	172	132	172					
			100,(110)	212	167	212					
LX8	16000	2120	80,85,90,95	172	132	172	360	119	2.023		
			100,110,(120),125	212	167	212					
LX9	22400	1850	100,110,120,125				410	197	4.386		
			130,(140)	252	202	252					

15.3 刚性联轴器（见表 15-4 和表 15-5）

表 15-4　凸缘联轴器（摘自 GB/T 5843—2003）　　（单位：mm）

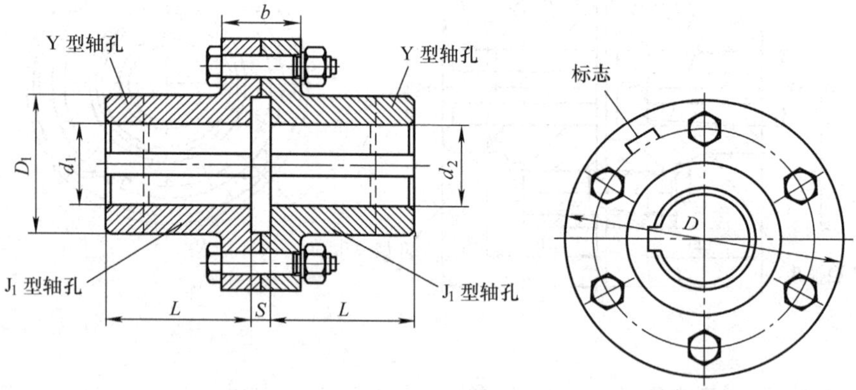

GY 型凸缘联轴器

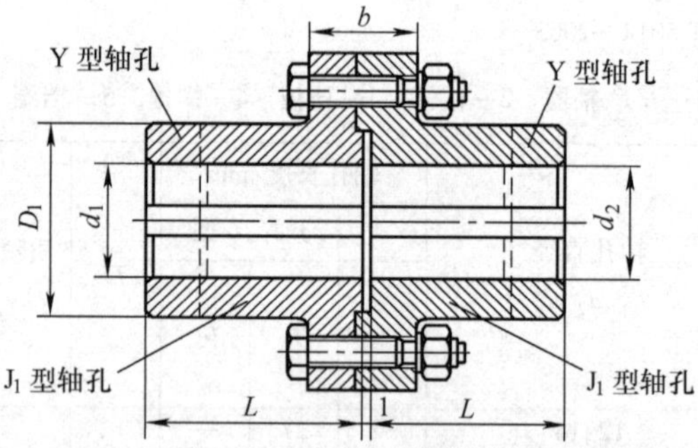

GYS 型有对中榫凸缘联轴器

型号	公称转矩 /(N·m)	许用转速 /$r \cdot min^{-1}$	轴孔直径 d_1,d_2	轴孔直径 Y 型	轴孔直径 J_1 型	D	D_1	b	S	转动惯量 /($kg \cdot m^2$)	质量/kg
GY1 GYS1	25	12000	12,14	32	27	80	30	26	6	0.0008	1.16
			16,18,19	42	30						
GY2 GYS2	63	10000	16,18,19	42	30	90	40	28	6	0.0015	1.72
			20,22,24	52	38						
			25	62	44						
GY3 GYS3	112	9500	20,22,24	52	38	100	45	30	6	0.0025	2.38
			25,28	62	44						
GY4 GYS4	224	9000	25,28	62	44	105	55	32	6	0.003	3.15
			30,32,35	82	60						
GY5 GYS5	400	8000	30,32,35,38	82	60	120	68	36	8	0.007	5.43
			40,42	112	84						
GY6 GYS6	900	6800	38	82	60	140	80	40	8	0.015	7.59
			40,42,45,48,50	112	84						
GY7 GYS7	1600	6000	48,50,55,56	112	84	160	100	40	8	0.031	13.1
			60,63	142	107						

（续）

型号	公称转矩 /（N·m）	许用转速 /r·min^{-1}	轴孔直径 d_1,d_2	轴孔直径 Y 型	轴孔直径 J_1 型	D	D_1	b	S	转动惯量 /（kg·m^2）	质量/kg
GY8 GYS8	3150	4800	60,63,65,70,71,75	142	107	200	130	50	10	0.103	27.5
			80	172	132						
GY9 GYS9	6300	3600	75	142	107	260	160	66	10	0.319	47.8
			80,85,90,95	172	132						
			100	212	167						
GY10 GYS10	10000	3200	90,95	172	132	300	200	72	10	0.720	82.0
			100,110,120,125	212	167						

表 15-5　十字滑块联轴器（主要尺寸及参数）　　　（单位：mm）

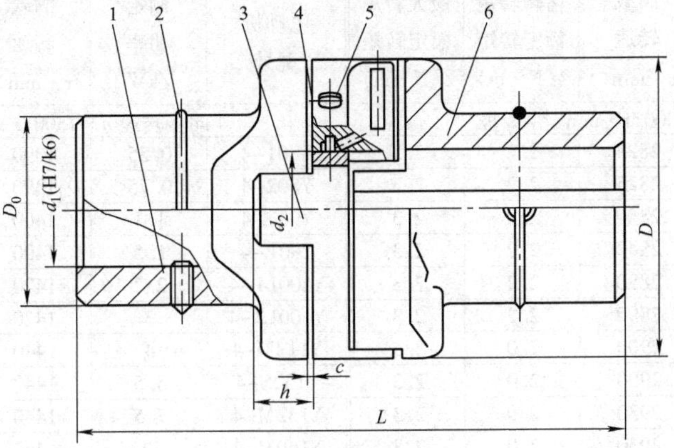

1、6—半联轴器　2—锁圈　3—滑块　4—套筒　5—压注油杯

d_1	公称转矩 T_n /（N·m）	许用转速［n］ /r·min^{-1}	D_0	D	L	h	d_2	c
15	120	250	32	70	95	10	18	$0.5^{+0.30}_{0}$
17							20	
18							22	
20	250		45	90	115	12	25	
25							30	
30							34	
36	500		60	110	160	16	40	
40							45	
45	800		80	130	200	20	50	
50							55	
55	1250		95	150	240	25	60	
60							65	
65	2000		105	170	275	30	70	
70							75	
75	3200		115	190	310	34	80	
80							85	
85	5000		130	210	355	28	90	$1.0^{+0.50}_{0}$
90							95	
95	8000		140	240	395	42	100	
100							105	

第16章　电　动　机

电动机类型很多，本章仅介绍最常见的 Y 系列三相异步电动机（详见 JB/T 10391—2008）。Y 系列电动机是全封闭自冷式鼠笼型三相异步电动机。具有高效、节能、起动转矩高、噪声小、可靠性高以及寿命长等优点。安装尺寸和功率等级完全符合 IEC 标准。采用 B 级绝缘，外壳防护等级为 IP44，冷却方式为 IC411。具体参数见表 16-1 ~ 表 16-4。

表 16-1　Y 系列电动机的技术数据

电动机型号	额定功率 /kW	满载转速 /r·min^{-1}	堵转转矩 额定转矩 /(N·m)	最大转矩 额定转矩 /(N·m)
同步转速 n=3000/r·min^{-1}，2 极				
Y801-2	0.75	2825	2.2	2.3
Y802-2	1.1	2825	2.2	2.3
Y90S-2	1.5	2840	2.2	2.3
Y90L-2	2.2	2840	2.2	2.3
Y100L-2	3	2880	2.2	2.3
Y112M-2	4	2890	2.2	2.3
Y132S1-2	5.5	2900	2.0	2.3
Y132S2-2	7.5	2900	2.0	2.3
Y160M1-2	11	2930	2.0	2.3
Y160M2-2	15	2930	2.0	2.3
Y160L-2	18.5	2930	2.0	2.2
Y180M-2	22	2940	2.0	2.2
Y200L1-2	30	2950	2.0	2.2
Y200L2-2	37	2950	2.0	2.2
Y225M-2	45	2970	2.0	2.2
Y250 M-2	55	2970	2.0	2.2
同步转速 n=1000/r·min^{-1}，6 极				
Y90S-6	0.75	910	2.0	2.2
Y90L-6	1.1	910	2.0	2.2
Y100L-6	1.5	940	2.0	2.2
Y112M-6	2.2	940	2.0	2.2
Y132S-6	3	960	2.0	2.2
Y132M1-6	4	960	2.0	2.2
Y132M2-6	5.5	960	2.0	2.2
Y160M-6	7.5	970	2.0	2.0
Y160L-6	11	970	2.0	2.0
Y180L-6	15	970	2.0	2.0
Y200L1-6	18.5	970	2.0	2.0
Y200L2-6	22	970	2.0	2.0
Y225M-6	30	980	1.7	2.0
Y250M-6	37	980	1.7	2.0
Y280S-6	45	980	1.8	2.0
Y280M-6	55	980	1.8	2.0
同步转速 n=1500/r·min^{-1}，4 极				
Y801-4	0.55	1390	2.3	2.3
Y802-4	0.75	1390	2.3	2.3
Y90S-4	1.1	1400	2.3	2.3
Y90L-4	1.5	1400	2.3	2.3
Y100L1-4	2.2	1420	2.2	2.3
Y100L2-4	3	1420	2.2	2.3
Y112M-4	4	1440	2.2	2.3
Y132S-4	5.5	1440	2.2	2.3
Y132M-4	7.5	1440	2.2	2.3
Y160M-4	11	1460	2.2	2.3
Y160L-4	15	1460	2.2	2.3
Y180M-4	18.5	1470	2.0	2.2
Y180L-4	22	1470	2.0	2.2
Y200L-4	30	1470	2.0	2.2
Y225S-4	37	1480	1.9	2.2
Y225M-4	45	1480	1.9	2.2
Y250M-4	55	1480	2.0	2.2
Y280S-4	75	1480	1.9	2.2
Y280M-4	90	1480	1.9	2.2
同步转速 n=750/r·min^{-1}，8 极				
Y132S-8	2.2	710	2.0	2.0
Y132M-8	3	710	2.0	2.0
Y160M1-8	4	720	2.0	2.0
Y160M2-8	5.5	720	2.0	2.0
Y160L-8	7.5	720	2.0	2.0
Y180L-8	11	730	1.7	2.0
Y200L-8	15	730	1.8	2.0
Y225S-8	18.5	730	1.7	2.0
Y225M-8	22	730	1.8	2.0
Y250M-8	30	730	1.8	2.0
Y280S-8	37	740	1.8	2.0
Y280M-8	45	740	1.8	2.0
Y315S-8	55	740	1.6	2.0

注：电动机型号意义——以 Y132S2-2-B3 为例，Y 表示系列代号；132 表示机座中心高；S 表示短机座（M 为中机座，*L* 为长机座），字母 S、M、L 后的数字表示不同功率的代号；2 为电动机的极数；B3 表示安装形式（见表 16-2）。

表 16-2　Y 系列电动机的安装形式

安装形式	基本安装型	由 B3 派生安装型				
	B3	V5	V6	B6	B7	B8
示意图	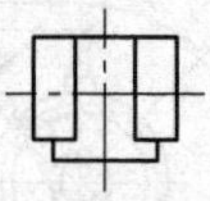	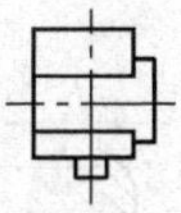	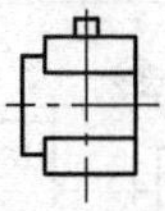		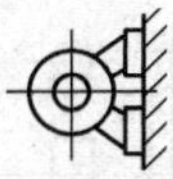	
中心高/mm	80～280	80～160				
安装形式	基本安装型	由 B3 派生安装型		基本安装型	由 B35 派生安装型	
	B6	V1	V3	B35	V15	V36
示意图	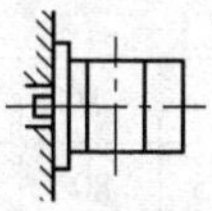	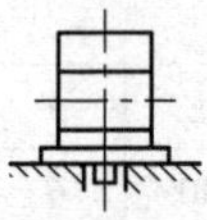	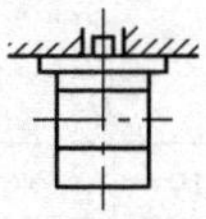	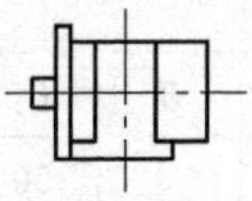	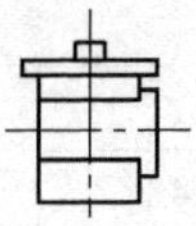	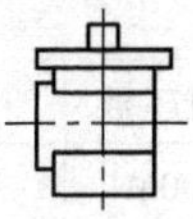
中心高/mm	80～225	80～280	80～160	80～280	80～160	

表 16-3　机座带底角、端盖无凸缘（B3、B6、B7、B8、V5、V6）电动机的安装、外形尺寸

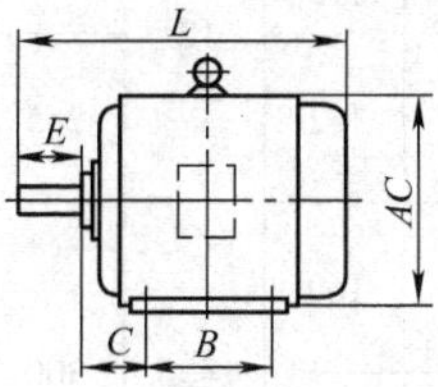

机座号 80-132

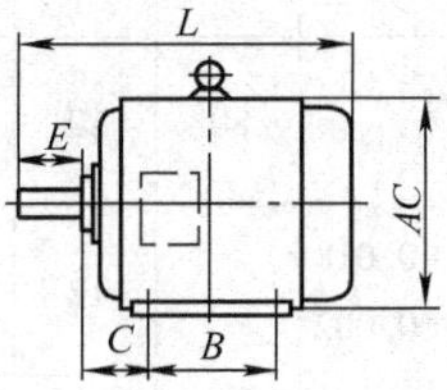

机座号 160-315

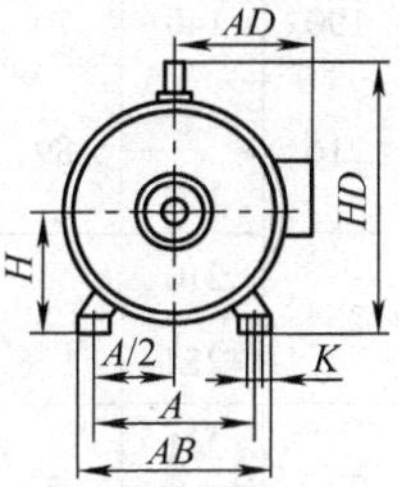

机座号 80-315

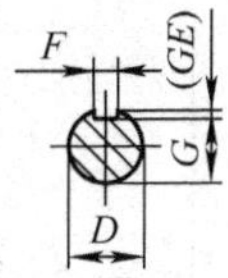

机座号	极数	A	B	C	D		E	F	G	H	K	AB	AC	AD	HD	L
80M	2,4	125	100	50	19	+0.009 −0.004	40	6	15.5	80	10	165	175	150	175	290
90S	2,4,6	140		56	24		50	8	20	90		180	195	160	195	315
90L			125													340
100L		160	140	63	28		60		24	100	12	205	215	180	245	380
112M		190		70						112		245	240	190	265	400
132S	2,4,6,8	216		89	38	+0.018 +0.002	80	10	33	132		280	275	210	315	475
132M			178								14.5					515
160M		254	210	108	42		110	12	37	160		330	335	265	385	605
160L			254													650
180M		279	241	121	48			14	42.5	180	18.5	355	380	285	430	670
180L			279													710
200L		318	305	133	55	+0.030 +0.011		16	49	200		395	420	315	475	775
225S	4,8	356	286	149	60		140	18	53	225	24	435	475	345	530	820
225M	2		311		55		110	16	49							815
	4,6,8				60		140	18	53							845
250M	2	406	349	168						250		490	515	385	575	930
	4,6,8				65				58							
280S	2	457	368	190						280		550	580	410	640	1000
	4,6,8				75			20	67.5							
280M	2		419		65			18	58							1050
	4,6,8				75			20	67.5							

表 16 – 4　机座带底脚、端盖有凸缘（V35、V15、V36）电动机的安装、外型尺寸

（单位：mm）

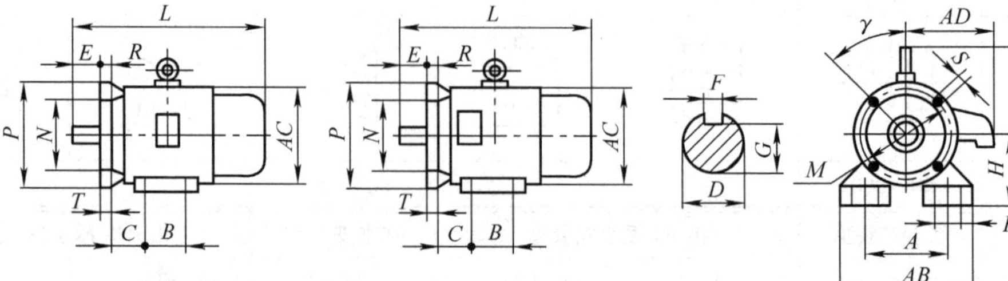

Y80 ～Y132　　　　Y160 ～ Y280

机座号	极数	A	B	C_1	D		E	F	G	H	K	M	N
80M	2、4	125	100	50	19	+0.009 −0.004	40	6	15.5	80	10	165	130
90S	2、4、6	140		56	24		50	8	20	90			
90L			125										
100L		160	140	63	28		60		24	100	12	215	180
112M		190		70						112			
132S	2、4、6、8	216		89	38	+0.018 +0.002	80	10	33	132		265	230
132M			178										250
160M		254	210	108	42		110	12	37	160	14.5	300	
160L			254										
180M		279	241	121	48			14	42.5	180			
180L			279										
200L		318	305	133	55	+0.030 +0.011		16	49	200	18.5	350	300
225S	4、8	356	286	149	60		140	18	53	225		400	350
225M	2		311		55		110	16	49				
	4、6、8				60		140	18	53				
250M	2	406	349	168					53	250	24	500	450
	4、6、8				65				58				
280S	2	457	368	190						280			
	4、6、8				75			20	67.5				
280M	2		419		65			18	58				
	4、6、8				75			20	67.5				

注：1. Y80 ~ Y120 时，$\gamma=45°$；Y225 ~ Y280 时，$\gamma=22.5°$。

2. N 的极限偏差，130 和 180 为 $^{+0.014}_{-0.011}$；230 和 250 为 $^{+0.016}_{-0.013}$；300 为 ±0.016；350 为 ±0.018；450 为 ±0.020。

参考文献

[1] 陈立德. 机械设计基础课程设计指导书 [M]. 3版. 北京：高等教育出版社，2009.
[2] 李海萍. 机械设计基础课程设计 [M]. 北京：机械工业出版社，2007.
[3] 李国斌. 机械设计基础（含工程力学）[M]. 北京：机械工业出版社，2010.
[4] 柴鹏飞，王晨光. 机械设计课程设计指导书 [M]. 北京：机械工业出版社，2009.
[5] 胡家秀. 简明机械零件设计实用手册 [M]. 北京：机械工业出版社，2002.
[6] 孙德志，张伟华，邓子龙. 机械设计基础课程设计 [M]. 北京：科学出版社，2010.
[7] 朱家诚. 机械设计课程设计 [M]. 合肥：合肥工业大学出版社，2005.
[8] 唐增宝. 机械设计课程设计 [M]. 3版. 武汉：华中科技大学出版社，2006.
[9] 成大先. 机械设计手册 [M]. 4版. 北京：化学工业出版社，2002.
[10] 黄晓荣. 机械工程设计基础课程设计 [M]. 郑州：大象出版社，2009.
[11] 韩莉，邓杰. 机械设计课程设计 [M]. 2版. 重庆：重庆大学出版社，2007.
[12] 范思冲. 机械基础 [M]. 北京：机械工业出版社，2007.
[13] 任金泉. 机械设计课程设计 [M]. 西安：西安交通大学出版社，2003.
[14] 许瑛. 机械设计课程设计 [M]. 北京：北京大学出版社，2008.
[15] 王凤平. 机械设计基础课程设计指导书 [M]. 北京：机械工业出版社，2010.
[16] 吴宗泽，罗圣国. 机械设计课程设计手册. 3版. 北京：高等教育出版社，2010.
[17] 吴宗泽. 机械零件设计手册 [M]. 北京：机械工业出版社，2004.
[18] 张锋，古乐. 机械设计课程设计手册 [M]. 北京：高等教育出版社，2010.